# 作者简介

**雷斌**,生于 1963 年 11 月,1985 年毕业于成都地质学院(现成都理工大学)水文系工程地质专业,教授级高级工程师,国家注册一级建造师、注册监理工程师、注册安全工程师,享受深圳市政府特殊津贴,现任深圳市工勘岩土集团有限公司副董事长、党委书记。三十余年来深耕岩土施工领域,获市级工法证书 112 项、省级工法证书 68 项,获外观专利 4 项、发明专利 38 项、实用新型专利 146 项,94 项科研成果通过省级鉴定,85 项科研成果获国家、省级行业协会科学技术奖,出版专著 6 部,主编或参编标准 4 本。雷斌创新工作室先后于 2019 年、2020 年被命名为广东省住房城乡建设系统"劳模和工匠人才创新工作室"、广东省总工会"广东省劳模和工匠人才创新工作室"。

**胡晓虎**,生于 1974 年 3 月,日本九州大学工学府博士,中国矿业大学兼职硕士研究生导师,上海开普天岩土科技集团有限公司、五广(上海)基础工程有限公司董事长。参与了行业标准《型钢水泥土搅拌墙规范》、上海市标准《等厚度水泥土搅拌墙技术规程》、中国土木工程学会标准《全方位高压喷射注浆技术规程》的编制工作。

**王福林**,浙江鼎业基础工程有限公司董事长,高级工程师,中国岩石力学与工程学会岩土地基工程分会副理事长、浙江省土木建筑学会地下工程学委会委员、上海市土木工程学会地下工程专业委员会委员,长期在基础工程施工领域创新探索,积极参与课题研究及规范编制,解决了一大批重大建设项目施工难题,多次受到政府和有关部门的嘉奖。

**廖启明**,生于1971年5月,重庆大学专科毕业,现任深圳市金刚钻机械工程有限公司总经理,长期从事各类基础工程项目施工,擅长桩工机械研发和施工工艺创新,2项科研成果通过省级鉴定并达到国内领先水平,获市级工法证书2项、省级工法证书1项,获发明专利9项、实用新型专利8项。

**李波**,生于1986年11月,哈尔滨工业大学岩土工程专业毕业,获工学硕士学位,高级工程师。国家注册一级建造师(建筑工程、市政公用专业),获省级工法证书30项,获发明及实用新型专利证书49项,参与出版著作2部,获中国建筑学会科技进步奖、广东省地质科学技术奖、广东省土木建筑学会科学技术奖35项,荣获2020年首届"深圳工程师"优秀科技人才称号。

# 基坑逆作法钢管结构柱定位施工新技术

雷　斌　胡晓虎　王福林　廖启明　李　波　著

中国建筑工业出版社

图书在版编目（CIP）数据

基坑逆作法钢管结构柱定位施工新技术/雷斌等著
. —北京：中国建筑工业出版社，2022.5
ISBN 978-7-112-27297-6

Ⅰ.①基…　Ⅱ.①雷…　Ⅲ.①基坑-钢管结构-工程
施工-逆作法　Ⅳ.①TU758.11

中国版本图书馆 CIP 数据核字（2022）第 060805 号

　　本书对逆作法结构柱施工的新技术进行系统总结，每章的每一节均为一项新技术，每节从
背景现状、工艺特点、适用范围、工艺原理、工艺流程、操作要点、设备配套、质量控制、安
全措施等方面予以综合阐述。全书共分为 6 章，包括钢管柱与工具柱对接新技术、逆作法结构
柱平台定位新技术、逆作法结构柱后插定位施工新技术、逆作法结构柱先插法施工新技术、逆
作法结构柱下扩底桩施工新技术、逆作法结构柱定位配套新技术。
　　本书可供岩土工程设计、施工、科研、管理人员参考借鉴。


责任编辑：杨　允
责任校对：姜小莲

**基坑逆作法钢管结构柱定位施工新技术**

雷　斌　胡晓虎　王福林　廖启明　李　波　著

*

中国建筑工业出版社出版、发行（北京海淀三里河路 9 号）
各地新华书店、建筑书店经销
北京科地亚盟排版公司制版
河北鹏润印刷有限公司印刷

*

开本：787 毫米×1092 毫米　1/16　印张：16½　插页：1　字数：399 千字
2022 年 6 月第一版　　2022 年 6 月第一次印刷
定价：**58.00** 元
ISBN 978-7-112-27297-6
（38909）

# 前　言

随着城市建设的跨越式发展，大型高层建筑的地基基础与地下室、地下商场、地下停车场、地下车站、地下交通枢纽、地下变电站等的建设中都面临着深基坑工程问题。由于工程地质和水文地质条件复杂多变，环境保护要求越来越高，基坑规模向超大面积和超深方向发展，工期进度及资源节约等开发条件日益复杂，给深基坑支护技术带来很大发展，逆作法就是一项近些年发展起来的新兴基坑支护技术。国内北京王府井大厦、上海森茂国际大厦、天津紫金花园、天津百货大楼、深圳罗湖区翠竹街道木头龙小区更新单元项目等基坑工程中均采用了逆作法施工，取得了良好的经济效益和社会效益，为逆作法施工积累了宝贵经验。

逆作法一般先施工支护结构，同时可施工建筑物基础桩和柱，然后施工地面一层的梁板结构，随后逐层向下开挖土方和浇筑各层地下结构，直至底板封底。采用逆作法施工时，地下结构基础桩和柱一般采用基础底部以下为灌注桩、地下室部分采用结构柱形式。由于逆作法"灌注桩＋结构柱"为建筑永久性支承结构，结构柱在插入灌注桩时的中心线、垂直线、水平线、方位角的准确定位要求高，具有较大的难度，逆作法施工过程中结构柱定位成为关键控制技术。近年来，国内一批从事地基与基础工程的专业公司致力于基坑逆作法结构柱施工工艺的探索，总结出一些较成熟的结构柱先插法、后插法工艺，具体包括导向架安装法、全套管全回转钻机平台垂直插入法、HPE法、钢管柱定位环板导向法等，有效解决了结构柱精确定位施工中存在的关键技术问题，取得了丰富的实践经验，拓宽了逆作法施工应用领域。

本书由深圳市工勘岩土集团有限公司牵头主编，联合五广（上海）基础工程有限公司、浙江鼎业基础工程有限公司、深圳市金刚钻机械工程有限公司共同完成，将从事逆作法结构柱施工的新技术进行系统总结，供业界及同行们参考借鉴。本书共包括6章，每章的每一节均为一项新技术，每节从背景现状、工艺特点、适用范围、工艺原理、工艺流程、操作要点、设备配套、质量控制、安全措施等方面予以综合阐述。第1章介绍钢管柱与工具柱对接新技术，包括基坑逆作法钢管结构柱自锁螺杆升降平台对接、基坑逆作法钢管柱与工具柱同心同轴对接等技术；第2章介绍逆作法结构柱平台定位新技术，包括基坑逆作法钢构柱一点三线定位、基坑逆作法钢管结构柱双平台定位等施工技术；第3章介绍逆作法结构柱后插定位施工新技术，包括逆作法钢管柱液压垂直插入（HPE工法）、逆作法大直径钢管柱"三线一角"综合定位、逆作法"旋挖＋全回转钻机"钢管柱后插定位、基坑钢管结构柱定位环板后插定位等施工技术；第4章介绍逆作法结构柱先插法施工新技术，包括旋挖扩底与先插钢管柱组合结构全回转定位、低净空基坑逆作法钢管柱先插定位等施工技术；第5章介绍逆作法结构柱下扩底桩施工新技术，包括大直径全液压可视可控旋挖扩底桩（AM工法）、OMR工法用于逆作法扩底灌注桩施工、逆作法中超深超大直径扩底灌注桩清孔等施工技术；第6章介绍基坑逆作法结构柱定位配套新技术，包括逆作法钢管柱后插法钢套管与千斤顶组合定位、逆作法钢管柱装配式平台灌注混凝土、逆作法灌注桩多功能回转钻机接驳安放定位护筒、逆作法灌注桩深空孔多根声测管笼架吊装定位等技术。

由于逆作法结构柱定位施工技术快速发展，各种综合定位工艺和方法不断推陈出新，本书限于作者的水平和能力，书中不足在所难免，将以感激的心情诚恳接受读者批评和建议。

雷 斌

于广东深圳工勘大厦

注：深圳市工勘岩土集团有限公司是国内第一批由水文地质部队改编的从事勘察设计及岩土工程的专业公司，1983年集体转业支援深圳特区建设，经过30多年的快速发展，已稳步发展成国内勘察设计行业资质最齐全、岩土技术领先的国家级高新技术企业，业务范围涉及勘察设计、基础工程施工、市政工程总承包、测绘、检测、自动化监测、地质灾害治理等，在基础施工方面拥有一批旋挖钻机、全套管全回转钻机、地下连续墙成槽机、双轮铣槽机等先进的施工机械设备，承接完成了一大批国家、省、市级重点项目，数十项工程获国家级、省部级奖项。

五广（上海）基础工程有限公司为中日合资的施工公司，成立于2014年，由日本丸五基础工业株式会社和上海开普天岩土科技集团有限公司两家公司共同投资成立，是一家大型综合性地基基础专业施工企业，专业施工大直径旋挖扩底灌注桩（OMR工法）、全回转套管钻机清障、咬合桩、逆作法中间立柱桩安装、钻孔灌注桩、SMW工法、地下连续墙、TRD工法、MJS工法、RJP工法等。公司配置了国内外先进的施工机械设备30余台（套），形成了成熟领先的施工工艺，通过将日本的施工技术及管理方法与国内融合，达到了优质、高效的目标，实现了快速发展。

浙江鼎业基础工程有限公司系地基基础工程专业承包一级、桥梁工程专业承包二级资质企业，主营各种基础工程施工，包括钻孔灌注桩、全液压可视可控旋挖扩底灌注桩（AM工法）、逆作法液压垂直插入永久性钢管柱（HPE工法）、FCEC全回转清障拔桩、全回转全套管清障、超高压喷射搅拌成桩（N-Jet工法）、MJS工法、RJP工法、TRD工法、地下连续墙、三轴搅拌桩等。公司坚持走技术领先、科技创新的发展道路，拥有一批国际先进的施工装备，通过实施科技智能化施工，达到了绿色低碳、节能环保的效果；在全国范围内承建了一批重大基础工程项目，赢得了良好的市场声誉。

深圳市金刚钻机械工程有限公司成立于2017年6月，持有地基基础工程专业承包一级、市政公用工程施工总承包三级、建筑工程施工总包三级、钢结构工程专业承包三级等资质。公司拥有系列旋挖钻机、JAR系列全回转钻机、RCD凿岩钻机、潜孔锤钻机、顶管机等50多台套，专业从事地基基础工程、市政公用工程、土石方工程等，包括地下连续墙、逆作法安插钢结构柱、全套管全回转灌注桩、基坑支护工程、边坡治理工程、各类旋挖灌注桩、咬合桩等施工，公司凭借"金刚钻"精神，勇于挑战难度大、任务重的"硬骨头"工程，在国内优质完成数十项国家、省、市级重点工程。

# 目　　录

# 第1章 钢管柱与工具柱对接新技术

## 1.1 基坑逆作法钢管结构柱自锁螺杆升降平台对接技术

### 1.1.1 引言

逆作法将基坑地下结构自上往下逐层施工，这种非常规的施工与传统的基坑地下结构施工方法相比，在工期控制、环境保护、资源节约等诸多方面具有明显的优势。采用逆作法施工时，地下结构基础桩一般采用底部灌注桩插结构柱形式，其中钢管结构柱是常见的形式之一。

钢管结构柱安装施工时，精度一般要求达到 1/500～1/300，有的甚至要求达到 1/1000。为确保满足高精度要求，一般采用全套管全回转钻机定位。由于全套管全回转钻机高度约 3.5m，钢管桩顶标高一般处于地面以下位置，为满足钻机孔口定位需求，施工时一般采用钢管柱连接工具柱的方式定位，见图 1.1-1～图 1.1-3。

图 1.1-1 钢管柱　　　　　图 1.1-2 工具柱　　　　图 1.1-3 钢管柱与工具柱拼接

为满足结构柱定位时的高精度要求，一般钢管柱和工具柱均在工厂预订制作，其垂直精度通过检验合格后再运输出厂。实际施工中，遇到基坑逆作法钢管结构柱长度超长时，为便于运输，钢构工厂一般采用分段制作，然后运输至施工现场进行对接。传统拼接平台由若干个拼接架按一定间距排列组成，拼接架一般用槽钢、三角铁加工制作，按 5m 左右间距设置，可以一次容纳 2 根钢管柱在平台架上作业；对接时，利用每一道架子的标高，侧面挡板在同一竖直面上且与平台水平面垂直，保持两段钢管中心轴线在同一线上。钢管柱现场拼接平台见图 1.1-4，现场对接见图 1.1-5。在现场拼接过程中，传统拼接平台存在拼接平台稳定性低、水平调节性能差、精度调整耗时长等弊端，有的甚至拼接精度不能满足设计要求，造成质量隐患。

2019 年，在福州地铁 4 号线第 1 标段土建 4 工区省立医院站工程中，针对上述钢管柱与工具柱拼接存在的问题，采用"基坑逆作法钢管结构柱自锁螺杆升降平台对接施工技术"，现场通过设置自锁螺杆升降对接平台，快速完成对接垂直度调节，克服了传统平台需要吊车配合、反复衬垫的操作，实现了施工安全、文明环保、便捷经济的目标，达到了良好效果。

图 1.1-4　钢管柱拼接平台　　　　　图 1.1-5　现场对接

### 1.1.2　工艺特点

**1. 制作简单操作方便**

本工艺所述的对接平台结构设计简单，制作方便，起吊、拆装和操作便利。

**2. 定位效率高**

本工艺只需要手动调节升降的螺杆装置，即可快速完成对接调节，定位效率高。

**3. 对接精度高**

手动螺杆升降架精确地调节并控制工字钢支撑架高度，并在对接过程中采用水准仪和激光水平仪对垂直度进行校核、检验，通过对偏差进行调节，可确保对接的垂直度满足要求。

**4. 安全可靠**

对接平台的基座安放在硬地化场地，可有效防止因不均匀沉降造成结构柱偏差；基座设置基底钢板，且采用膨胀螺栓及螺纹钢固定，避免平台受力滑动，平台的安全稳定性好；手动螺杆升降架采用具有自锁功能的梯形螺纹螺杆，并在梯形螺纹螺杆上端设置无螺纹的部分，可有效控制调节器过度上升所造成的平台不稳定隐患。

**5. 综合成本低**

对接平台可自制，材料经济，操作时只需要 2～3 人即可满足要求；平台拆装便利，可重复使用，综合成本低。

### 1.1.3　适用范围

适用于基坑逆作法中钢管柱与工具柱、钢管柱与钢管柱对接和非逆作法基坑支撑钢管立柱的对接。

### 1.1.4　工艺原理

**1. 对接平台构成**

本工艺所述的对接平台主要由基座、手动螺杆升降架两部分组成，具体见图 1.1-6、图 1.1-7。

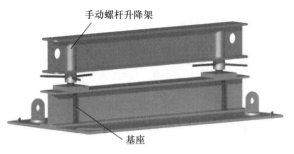

图 1.1-6　对接平台 BIM 模型图　　　　图 1.1-7　对接平台实物

（1）基座：主要包括基底钢板、工字钢支撑架、起重吊耳，对接平台基座模型与实物具体见图 1.1-8；基座的基底钢板与工字钢支撑架焊接，其主要功能是作为对接平台底部的支承受力结构，当钢管柱和工具柱对接时起支撑稳定作用。

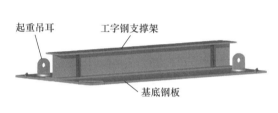

图 1.1-8　对接平台基座模型与实物

（2）手动螺杆升降架：主要包括带底板的螺杆、带升降旋转手柄的套筒螺母、带钢管套筒的工字钢支撑架，手动螺杆升降架 BIM 三维模型示意及实物见图 1.1-9。

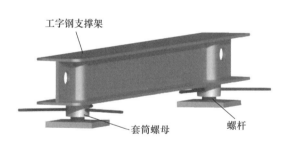

图 1.1-9　对接平台手动螺杆升降架三维模型及实物

手动螺杆升降架功能：

1）带底板的螺杆：螺杆的底板为螺杆的支撑钢板，主要为调节螺栓提供支撑；螺杆焊接在支撑钢板中心位置，均匀分散螺栓受力。带底板的螺杆见图 1.1-10。

2）带升降旋转手柄的套筒螺母：当转动旋转手柄，螺母将沿螺杆升降，用以调节平台的水平标高位置，满足钢管柱与工具柱的对接。

3）带钢管套筒的工字钢支撑架：主要用以支承钢管柱和工具柱，并依托带手柄的螺母完成对接工作。套筒螺母插入工字钢支撑架见图 1.1-11。

图 1.1-10　带底板的螺杆实物　　　　图 1.1-11　套筒螺母插入工字钢支撑架现场

**2. 对接平台精确控制原理**

本工艺所述的钢管柱与工具柱的对接工艺原理，是将钢管柱、工具柱分段运输至施工现场，在现场对接场地按一定间距设置若干个对接平台，吊车将钢管柱、工具柱分别架设在对接平台上，采用高精度水准仪进行对接测量控制，通过对平台的升降自动调节功能，将钢管柱、工具柱精准拼接，满足精度要求后通过对接法兰使用螺栓固定。

（1）对接精度现场测控

当钢管柱与工具柱就位于平台并调试完成后，将对接螺栓初拧，对钢管柱垂直方向和水平方向的垂直度偏差进行测量检核；对接后钢管柱、工具柱垂直方向高程点布置见图 1.1-12，现场水准仪测量工具柱和钢管柱顶标高见图 1.1-13。

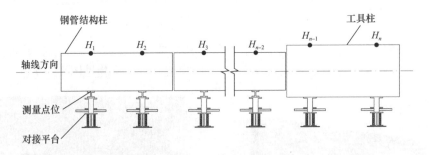

图 1.1-12　对接后垂直高程测点布置图

图 1.1-13　实测对接后柱顶标高

（2）对接调节固定

现场测试垂直方向起伏引起的对接精度，采用白赛尔中误差公式求解高程中误差进行验证；如果不满足设计精度要求，则拧松螺栓重新进行调节；经多次现场测量、结果计算、现场调试，直至对接精度满足设计要求。

**1.1.5　施工工艺流程**

基坑逆作法钢管结构柱自锁螺杆升降平台对接施工工艺流程如图 1.1-14 所示。

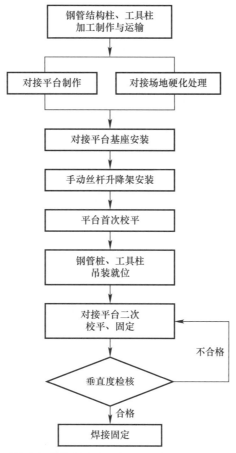

图 1.1-14 逆作法钢管结构柱自锁螺杆升降平台对接施工工艺流程图

### 1.1.6 工序操作要点

以福州 4 号线第 1 标段土建 4 工程车站基坑逆作法施工为例，基坑深度 22.1m，钢管柱直径 $\phi$600mm，钢管柱垂直度允许偏差 1/600。

#### 1. 钢管柱、工具柱加工制作与运输

（1）专业加工厂制作：钢管柱、工具柱由具备钢结构资质的专业单位承担加工制作，以满足其对结构、垂直度等各方面的要求。工厂加工制作见图 1.1-15。

图 1.1-15 钢管桩预制厂加工制作

（2）出厂验收：钢管柱、工具柱出厂前，分段对各项技术指标、参数按相关标准进行检验，验收合格后出厂。

（3）运输：成品钢管柱如长度超出运输要求，则分节制作、分段运输至现场；运输过程中注意对成品的保护，避免运输过程产生的碰撞、变形等。

（4）现场堆放：钢管柱、工具柱进场后，按照施工分区图堆放至指定区域，要求场地地面硬化、不积水，分类堆放。分类堆放见图 1.1-16。

图 1.1-16　钢管柱、工具柱现场分类堆放

### 2. 对接平台制作

（1）对接平台按设计图纸加工制作，螺杆、螺母成套市场采购。现场加工制作焊接严格按相关规程操作，制作完成后进行调试，满足要求后使用。

（2）平台基座主要包括基底钢板、工字钢支撑架及起重吊耳。

1）基底钢板：采用 15mm 钢板，尺寸 750mm×1500mm；

2）工字钢支撑架：为非标准工字钢，由 10mm 厚钢板切割焊接而成，平面尺寸 165mm×90mm（长×宽）；为提高调节螺栓结构下部的承载力，在工字钢上下支撑钢板间焊接 φ25mm、长度 145mm 的加固螺纹钢筋，具体见图 1.1-17。

3）起重吊耳：为起吊搬运提供吊孔，由 10mm 钢板切割焊接而成。

（3）手动螺杆升降架包括：带底板的螺杆、带升降旋转手柄的套筒螺母、带钢管套筒的工字钢支撑架。

图 1.1-17　工字钢支撑加固螺纹钢筋

1）带底板的螺杆：螺杆材料选用 Tr55×8 合金工具钢，长度为 225mm，公称直径为 55mm，螺距为 8mm，螺杆上端设置无螺纹，长度为 95mm，以确保螺杆的稳定安全。支撑钢板由 20mm 厚的钢板切割而成，尺寸为 155mm×150mm。带底板的螺杆大样见图 1.1-18。

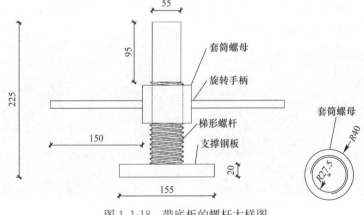

图 1.1-18　带底板的螺杆大样图

2）带升降旋转手柄的套筒螺母：旋转手柄为三根 $\phi$12mm 螺纹钢筋，等边焊接在套筒螺母中部位置；套筒螺母材料选用合金工具钢，套筒采用公称直径为 55mm 的梯形螺纹，螺距为 8mm，满足自锁条件；外径为 80mm，套筒高度为 60mm。

3）带钢管套筒的工字钢支撑架：由 10mm 钢板切割焊接而成，尺寸为 165mm（腰高）×150mm（腿宽）×10mm（腰厚）；起吊孔半径为 25mm，钢管套筒外径为 68mm、壁厚 10mm，梯形螺杆上端无螺纹部分外径为 55mm，将其焊接插入工字钢内，间隙为1.5mm。套筒螺母插入工字钢支撑架大样见图 1.1-19。

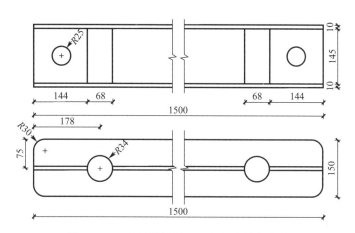

图 1.1-19　套筒螺母插入工字钢支撑架大样

### 3. 对接场地硬化处理

（1）清理对接场地，把地面上的浮浆、垃圾等清扫冲洗干净，平整压实。

（2）浇筑厚 15cm 的 C15 混凝土地坪，基础面平整度在 10m 以内误差不能大于 5mm，10m 以外误差不能大于 8mm；浇筑完后进行养护，对接场地硬化处理见图 1.1-20；对接场地基础面干燥后，用油漆标识对接平台定位轴线和定位平台的距离位置。

图 1.1-20　对接场地硬化处理

### 4. 对接平台基座安装

（1）根据钢管柱长度，确定平台数量和间距，平台间距按每 5m 设置一个。

（2）基座按预先画定位置和轴线，通过起重吊耳将基座安放到位。

（3）基座钢板定位后，先在距钢板角 84mm 处固定 $\phi$12～15mm 的膨胀螺栓，再将$\phi$12mm 螺纹钢焊接在膨胀螺栓两端；通过固定扣件固定后，防止平台在操作过程中受力滑动。基座现场安装、固定施工见图 1.1-21。

### 5. 手动螺杆升降架安装

（1）安装前，在手动螺杆升降架的螺杆上涂抹黄油，以减少摩擦。

（2）将带手柄的套筒螺母旋进螺杆适当位置后，使螺杆支撑钢板与基座工字钢支撑架重叠安放。

（3）安放到位后，将螺杆支撑钢板焊接在基座的工字钢支撑架上，防止操作过程中发生移位，具体见图 1.1-22。

图 1.1-21　基座安装、固定

（4）将带钢管套筒的工字钢支撑架起吊对位后，缓缓将带螺杆套筒的工字钢支撑架套进螺杆中。手动螺杆升降架安装及调平见图 1.1-23。

图 1.1-22　螺杆支撑钢板与基座支承顶板焊接　　图 1.1-23　手动螺杆升降架安装及调平

#### 6. 平台首次校平

（1）在起吊放置钢管柱和工具柱前，采用水准仪对整体对接平台进行校平；水准仪进场前，先将水准仪送至经过授权的质量检定机构检定合格，使用前对水准仪因水准管轴不平行于视准轴产生的 $i$ 角误差进行检查，满足 $i$ 角误差不超过 15″。

（2）将水准仪架设在对接场地中部位置，水准尺逐一放置在各平台顶层工字钢支撑架板上，旋转调节器手柄，使所有对接平台高度处于设计高度。具体示意见图 1.1-24。

（3）由于钢管柱与工具柱的直径不同，直接安置于平台上柱间对接高差相差较大，为减少调节平台螺杆升降的高度，可在直径较小的钢管柱采用双工字钢支撑架，以缩小后续调节量，具体见图 1.1-25、图 1.1-26。

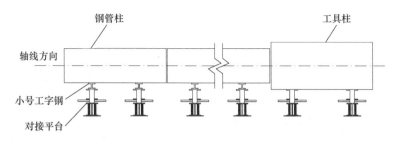

图 1.1-24　对接平台首次校平示意图

图 1.1-25　工具柱下工字钢支撑架

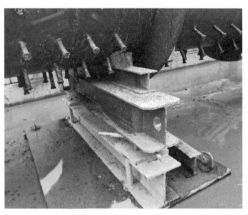

图 1.1-26　钢管柱下双工字钢支撑架

#### 7. 钢管桩、工具柱吊装就位

（1）平台校平后，采用吊车分别将对接的钢管柱、工具柱吊放至对接平台上。

（2）钢管柱与工具柱采用螺栓连接固定，工具柱螺栓对接孔设置见图 1.1-27。

（3）将对接螺栓安置在对位孔中，对螺栓旋紧约 80%，避免螺栓脱落，并采用木榫固定，防止钢管柱和工具柱左右滚动，钢管柱采用木榫固定见图 1.1-28。

#### 8. 对接平台二次校平、固定

（1）在拧紧对接螺栓前，利用水准仪再对平台进行二次校平。

图 1.1-27　工具柱螺栓连接法兰结构

（2）水准仪校核过程中，派专人根据测量人员的校核结果，旋转工字钢支撑架两端手动螺杆升降架手柄，使所有对接平台处于预先设定高度。

（3）平台二次校平后，拧紧钢管柱、工具柱对接螺栓。

对接平台现场螺杆调平见图 1.1-29、图 1.1-30。

#### 9. 对接检验

（1）所有对接螺栓拧紧后，需要对钢管柱因垂直方向起伏和水平方向弯曲造成的垂直度偏差进行检核，如钢管柱垂直度满足要求，则可以进入焊接流程；如果不满足，则拧松对接螺栓进行调整，调整后再进行检验校核。现场水准仪测量工具柱和钢管柱顶标高见图 1.1-31。

图 1.1-28　钢管柱采用木楔临时固定

图 1.1-29　手动螺杆升降架调节

图 1.1-30　钢管柱对接平台调整　　　图 1.1-31　测量钢管柱、工具柱对接后顶标高

（2）垂直方向起伏引起的对接精度检查采用白赛尔中误差公式求解高程中误差 $m$ 进行验证；如果不满足精度要求，则拧松螺栓进行重新调节。

（3）水平方向弯曲引起的对接精度检查：将激光水平仪安置在钢管柱一端，架设激光水平仪使左右检测激光线高度与钢管轴线方向高度一致，采用带水平气泡的量尺测钢管柱两端及对接位置附近管壁至激光线的距离，测得左右检测线 $n$ 个距离值分别为 $L_1$、$L_2$、$L_3 \cdots L_n$ 和 $R_1$、$R_2$、$R_3 \cdots R_n$。水平左、右方向弯曲引起的对接精度也采用白赛尔中误差公式求解弯曲中误差 $m$ 进行验证，如果不满足精度要求，则拧松螺栓进行重新调节。水平方向检测线及测量点布置见图 1.1-32。

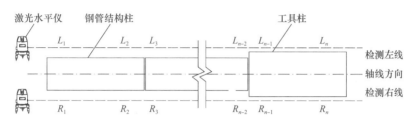

图 1.1-32　水平方向检测线布置图

**10. 焊接固定**

（1）钢管柱和工具柱垂直度检核满足要求后，即可进行焊接（图 1.1-33）。

（2）焊接由持证电焊工作业，禁止在对接平台上负重，对接完成的钢管柱、工具柱见图 1.1-34。

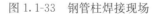

图 1.1-33　钢管柱焊接现场

图 1.1-34　对接完成的钢管柱、工具柱

### 1.1.7　材料与设备

**1. 材料**

本工艺所使用的材料主要有工艺材料和工程材料。

（1）工艺材料主要是工具柱、制作对接平台的钢板、钢筋、螺栓、焊条等。

（2）工程材料主要是钢管柱，钢管柱按设计施工图要求由专业厂家提供，附出厂验收合格证。

### 2. 设备

本工艺所需机械设备主要为测量的水准仪、激光水平仪及吊运钢管的吊车等，具体见表1.1-1。

主要机械设备配置表　　　　　　　　　　　　　　　　表 1.1-1

| 名称 | 型号 | 功用 |
|---|---|---|
| 水准仪 | DS3 | 对接平台整体校平，对接测量，对垂直度进行校核、检验 |
| 激光水平仪 | EK153DP | 钢管柱、工具柱对接后水平方向弯曲引起的对接精度检查 |
| 履带式起重机 | QUY55（50t） | 钢管桩、工具柱吊装就位 |
| 气体保护焊机 | BX3-500 | 焊接设备 |

### 1.1.8 质量控制

#### 1. 质量控制措施

（1）施工现场所有材料经检验和试验合格后方可进场，每批材料由材料员进场验证，质检员检查出厂合格证、质量保证书、试验报告并验证，报监理验收。

（2）设备仪器进场前，先送至经过授权的质量检定机构检定，经检定合格后方可使用。

（3）对接场地进行硬化处理，浇筑厚15cm的C15混凝土地坪，基础面平整度在10m以内误差不大于5mm，10m以外误差不大于8mm，浇筑完后进行养护。

（4）成品钢管柱运输过程中注意对成品的保护，避免运输过程产生碰撞变形。

（5）手动螺杆升降架安放到位后，将螺杆支撑钢板焊接在基座的工字钢支撑架上，防止操作过程中发生移位。

（6）在起吊放置钢管柱和工具柱前，采用水准仪对整体对接平台进行校平。

（7）水准仪使用前对水准仪因水准管轴不平行于视准轴产生的 $i$ 角误差进行检查，满足 $i$ 角误差不超过 $15''$。

（8）钢管柱、工具柱吊装就位，在拧紧对接螺栓前利用水准仪再对平台进行二次校平。

（9）平台二次校平后，拧紧钢管柱、工具柱对接螺栓。对接螺栓在拧紧过程中可能因受力使钢管柱对接处翘起影响对接精度，此时需要逐一检查钢管柱下部是否与对接平台紧密贴合；如果不贴合，则调节对接螺栓重新固定。

#### 2. 钢管桩、工具柱对接质量检验标准

钢管桩、工具柱对接质量检验标准见表1.1-2。

钢管桩、工具柱对接质量检验标准　　　　　　　　　　表 1.1-2

| 序号 | 项目 | 允许偏差或允许值 | 检验方法 |
|---|---|---|---|
| 1 | 钢管柱垂直度 | 垂直度允许偏差不大于1/600（按设计） | 水准仪 |
| 2 | 钢管柱对接水平方向弯曲 | 高程中允许偏差不大于1/600（按设计） | 激光水平仪 |
| 3 | 对接场地硬化处理 | 基础面平整度在10m以内误差不能大于5mm，10m以外误差不能大于8mm | 水准仪 |

### 1.1.9 安全措施

**1. 堆放与吊装**

（1）钢管柱、工具柱进场后，按照施工分区图堆放至指定区域，场地地面进行硬化，搭设台架单层分类平放。

（2）吊车分别将对接的钢管柱、工具柱吊放至对接平台上，采用木楔固定，防止钢管柱和工具柱左右滚动。

（3）起吊作业时，派专门的司索工指挥吊装作业；起吊时，施工现场起吊范围内的无关人员清理出场，起重臂下及影响作业范围内严禁站人。

**2. 精度调节**

（1）在进行钢管柱精度调节时，同步对每一个平台的手动螺杆升降架螺杆进行调节，防止单个受力过大造成超载。

（2）测量复核人员登上柱顶时，采用爬楼登高作业，并做好在钢管顶部作业的防护措施。

## 1.2 基坑逆作法钢管柱与工具柱同心同轴对接技术

### 1.2.1 引言

逆作法钢管柱与工具柱现场对接时，传统对接平台一般在施工现场用槽钢和工字钢焊接而成，对接平台的支架采用水平支撑的方式，此方式虽然可以确保两柱轴线标高一致即同轴，但钢管柱和工具柱的轴线并未对准即不同心，对接施工时需要来回翻转滚动调整位置、反复衬垫，才能使两柱做到同心同轴对接，以致耗力、耗时，对接施工效率较低。对接现场见图 1.2-1～图 1.2-3。

图 1.2-1 对接施工平台架　　图 1.2-2 钢管柱木垫找平对接　　图 1.2-3 工具柱木垫找平对接

鉴于此，项目组针对上述钢管柱与工具柱现场对接存在的问题，根据钢管柱和工具柱半径的不同，预先制作满足完全精准对接要求的操作平台，平台按设计精度的理想对接状态设置，并采用不同高度位置的弧形金属定位板对柱体进行位置约束，确保钢管柱和工具柱吊放至对接平台后两柱处于既同心亦同轴状态，将固定螺栓连接后即可满足高效精准对接，克服了传统平台需要吊车配合、反复衬垫的操作，达到安全可靠、便捷高效的效果。

### 1.2.2 工艺特点

**1. 操作便利**

本工艺所述的对接平台结构由弧形金属定位板和台座两部分组成，弧形金属定位板根据钢管柱和工具柱外径，在对接现场采用切割制作，并在定位板两侧焊接槽钢固定；台座根据两柱对接中心轴线标高位置在施工现场支模浇筑混凝土而成；对接平台结构制作简单易行，操作方便。

**2. 定位效率高**

本工艺所述对接平台根据同心同轴原理制作，在钢管柱和工具柱就位后，无需对钢管柱和工具柱来回翻转滚动调整位置、反复衬垫，即可保证两柱中心轴线满足同心同轴状态；两柱吊运就位后只需调整法兰口位置，便可快速完成对接调节，定位效率高。

**3. 对接精度高**

本工艺所述对接平台按设计精度的理想对接状态设置，并采用不同高度位置的弧形金属定位板对柱体进行位置约束，使两柱中心轴线重合，确保钢管柱和工具柱对接后处于同心同轴状态，对接精度完全满足设计要求。

### 1.2.3 适用范围

适用于基坑逆作法钢管柱与工具柱、钢管柱之间的对接施工和精度 $1/1000 \sim 1/500$ 柱间对接施工。

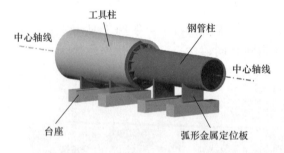

图 1.2-4　钢管柱与工具柱对接
平台三维模型示意图

### 1.2.4 平台对接结构

本工艺所述的对接平台由台座和弧形金属定位板两部分组成，具体结构见图 1.2-4。

**1. 台座**

（1）台座在硬化场地上采用 C25 混凝土制作，台座标高分别根据钢管柱与工具柱的半径及其弧形金属定位板的高度设置，主要用于调节对接柱的中心轴线位置，保证钢管柱和工具柱中心轴线标高一致。

（2）台座作为对接平台底部的支承受力结构，对钢管柱和工具柱起支撑稳定作用。

（3）根据钢管柱、工具柱的长度确定台座数量和间距，每5m设置一个台座。

**2. 弧形金属定位板**

（1）钢管柱弧形金属定位板

钢管柱弧形金属定位板采用 10mm 厚度钢板制作，其弧边尺寸严格按照钢管柱半径设计，在施工现场使用激光切割机切割。为了增加定位板的承载能力和抗倾覆稳定性，定位板两端焊接 U 形槽钢，嵌固在台座上并预留混凝土保护层，具体见图 1.2-5。

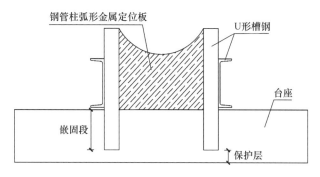

图 1.2-5　钢管柱弧形金属定位板图

（2）工具柱弧形金属定位板

工具柱弧形金属定位板同样采用 10mm 厚度钢板制作，其弧边尺寸严格按照工具柱半径设计，工具柱定位板制作过程与钢管柱定位板相同。由于工具柱半径大于钢管柱半径，工具柱定位板的尺寸较钢管柱定位板宽且低，以确保两柱的中心轴线处于同心同轴状态，具体见图 1.2-6。

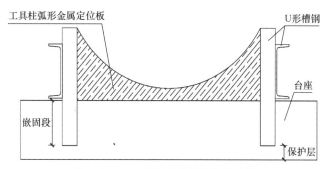

图 1.2-6　工具柱弧形金属定位板图

### 1.2.5　对接工艺原理

#### 1. 钢管柱对接状态

钢管柱吊装就位后，其轴线位置 $H_1 = r_1$（钢管结构柱半径）$+ h_1$（钢管结构柱弧形定位板露出最低距离）$+ h_1'$（台座高），具体就位状态示意见图 1.2-7。

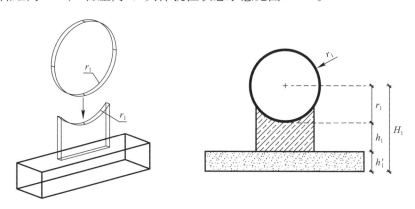

图 1.2-7　钢管柱平台就位状态示意图

## 2. 工具柱对接状态

工具柱吊装就位后，其轴线位置 $H_2 = r_2$（工具柱半径）$+ h_2$（工具柱弧形定位板露出最低距离）$+ h_2'$（台座高），具体就位状态示意见图 1.2-8。

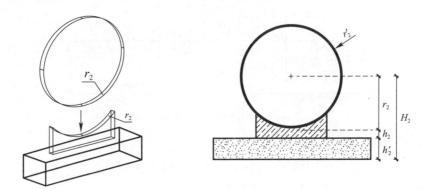

图 1.2-8  工具柱平台就位状态示意图

## 3. 钢管柱与工具柱对接原理

本工艺根据钢管柱和工具柱半径的不同，预先制作满足完全精准对接要求的操作平台，平台按设计精度的理想对接状态设置，并采用弧形金属定位板对柱体进行位置约束，确保钢管柱和工具柱吊放至对接平台后两柱处于既同心亦同轴状态。

当钢管柱和工具柱吊运至对接平台后，两柱中心轴线标高位置 $H_1$ 和 $H_2$ 相等时，满足 $r_1 + h_1 + h_1' = r_2 + h_2 + h_2'$，即钢管柱和工具柱完全处于同心同轴状态，具体见图 1.2-9、图 1.2-10。

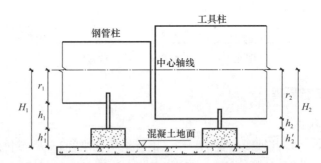

图 1.2-9  钢管柱（左）和工具柱（右）吊运至同心同轴对接平台

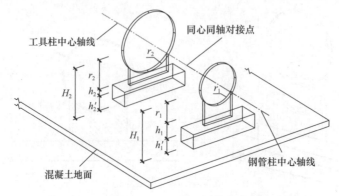

图 1.2-10  钢管柱和工具柱同心同轴状态三维示意图

### 1.2.6　施工工艺流程

基坑逆作法钢管柱与工具柱同心同轴对接施工工艺流程见图 1.2-11。

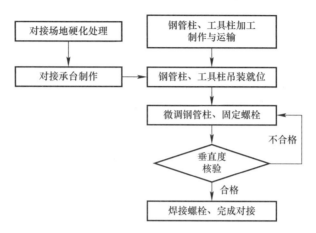

图 1.2-11　逆作法钢管柱与工具柱同心同轴对接施工工艺流程图

### 1.2.7　工序操作要点

**1. 对接场地硬化处理**

（1）清理对接场地，将地面浮浆、垃圾等清除干净，并平整压实。

（2）浇筑厚 20cm 的 C15 混凝土地坪，基础面平整度在 10m 以内误差不能大于 5mm，10m 以外误差不能大于 8mm。

（3）地坪浇筑完后按要求进行养护，对接场地基础面干燥后，用油漆标识对接平台定位轴线和定位平台的距离位置。

**2. 对接平台制作**

（1）根据对接钢管柱、工具柱的长度，确定平台数量和间距，平台间距按每 5m 设置一个。

（2）弧形金属定位板选用厚度为 10mm 的钢板，严格按照钢管柱和工具柱的半径尺寸设计，用激光切割机切割，确保准确；在定位板两端焊接槽钢固定，以保证定位板的抗倾覆稳定性。

（3）按预先画定位置支模、浇筑高 30cm 的 C25 混凝土台座；混凝土初凝前，根据设计标高位置将弧形金属定位板嵌固在台座上，并预留一定厚度的保护层。

（4）对接平台制作完成后，利用激光水平仪对平台的标高及位置进行复测，以保证平台对钢管柱和工具柱对接的精准定位。

钢管柱和工具柱对接平台实物见图 1.2-12、图 1.2-13。

**3. 钢管柱、工具柱加工制作与运输**

（1）专业加工厂制作：钢管柱和工具柱由具备钢结构资质的专业单位承担制作加工，以满足其对结构、垂直度等方面的要求。

（2）出厂验收：钢管柱、工具柱、弧形金属板出厂前，分段对各项技术指标、参数按相关标准进行检验，验收合格方能出厂。

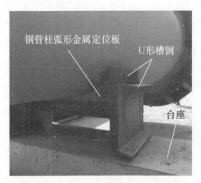

<table>
<tr><td>图 1.2-12　钢管柱对接平台</td><td>图 1.2-13　工具柱对接平台</td></tr>
</table>

（3）成品钢管柱运输过程中注意对成品的保护，避免发生碰撞变形。

**4. 钢管柱、工具柱吊装就位**

（1）对接前，在钢管柱与工具柱连接处的螺栓采用密封胶密封，通过螺栓的预紧力，两柱连接处之间产生足够的压力，以使密封胶产生的变形填补法兰处螺栓口的微观不平度，达到密封效果，具体见图 1.2-14；同时，预先将工具柱定位方位角标记与钢管柱上的相应构件对齐，具体见图 1.2-15。

图 1.2-14　钢管柱与工具柱　　　　　　图 1.2-15　工具柱方位角
连接处采用密封胶密封　　　　　　　　　　　定位标记

（2）工具柱采用两点对称式垂直吊运，吊运前检查所用卸扣型号是否匹配，连接处是否牢固、可靠，见图 1.2-16。

图 1.2-16　工具柱吊运

（3）钢管柱整体吊运至对接平台上，起吊过程中严禁冲击碰撞平台及基座，防止柱体变形或损坏，具体见图 1.2-17～图 1.2-19。

图 1.2-17　钢管柱整体吊装到位

图 1.2-18　钢管柱对接平台

图 1.2-19　钢管柱与工具柱平台对接

**5. 微调钢管柱、固定螺栓**

（1）钢管柱、工具柱吊运至对接平台后，需对两柱连接处螺栓口位置进行微调对准；在钢管柱两侧焊接楔形钢块，利用千斤顶上下调节钢管柱两侧楔形钢块，使钢管柱小幅度旋转，最终对准两柱连接处的螺栓口，见图 1.2-20。

图 1.2-20　千斤顶微调钢管柱

（2）钢管柱和工具柱接近贴紧状态时，采用钢筋插入对接螺栓孔中，起引导对接作用；当连接处的螺栓口对准后，从外部钢管柱连接法兰快速插入螺栓，工具柱内一侧使用电动螺栓枪将螺母上紧，连接固定螺栓，见图 1.2-21。

图 1.2-21　钢管柱和工具柱连接固定螺栓

### 6. 垂直度核验

（1）所有对接螺栓拧紧后，需要对钢管柱因垂直方向起伏和水平方向弯曲造成的垂直度偏差进行检核，如钢管柱垂直度满足要求，则可以进入焊接流程；如果不满足，则拧松对接螺栓进行调整，调整后再进行检验校核。

（2）垂直方向起伏引起的对接精度检查采用白赛尔中误差公式求解高程中误差 $m$ 进行验证；如果不满足精度要求，则拧松螺栓进行重新调节。

（3）水平方向弯曲引起的对接精度检查：将激光水平仪安置在钢管柱一端，架设激光水平仪使左右检测激光线高度与钢管结构轴线方向高度一致，采用带水平气泡的量尺测钢管柱两端及对接位置附近管壁至激光线的距离，测得左右检测线 $n$ 个距离值分别为 $L_1$、$L_2$、$L_3 \cdots L_n$ 和 $R_1$、$R_2$、$R_3 \cdots R_n$。水平左、右方向弯曲引起的对接精度也采用白赛尔中误差公式求解弯曲中误差 $m$ 进行验证。如果不满足精度要求，则拧松螺栓进行重新调节，具体见图 1.2-22。

### 7. 焊接螺栓、完成对接

（1）钢管柱和工具柱垂直度检核满足要求后，即可进行焊接固定，焊接由持证电焊工作业，禁止在对接平台上负重。现场焊接见图 1.2-23。

图 1.2-22　现场钢管柱与工具柱水平方向标高检测　　　图 1.2-23　钢管柱螺栓焊接现场

（2）焊接完成后，钢管柱与工具柱连接处的空隙采用密封胶二次密封，见图 1.2-24。

（3）焊接完成后，安放在平台上待用，见图 1.2-25。

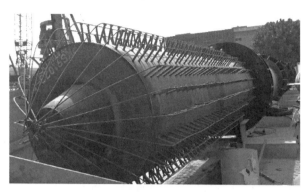

图 1.2-24 柱间连接处密封胶二次密封　　图 1.2-25 钢管柱和工具柱完成对接

### 1.2.8 材料和设备

**1. 材料**

本项目主要材料包括制作对接平台的钢板、钢筋、螺栓、焊条等。

**2. 设备**

本工艺所需机械设备主要为测量的水准仪、激光水平仪及吊运钢管的吊车等，参见表 1.1-1。

### 1.2.9 质量控制

**1. 对接平台制作**

（1）对接场地进行硬化处理，浇筑厚 20cm 的 C15 混凝土地坪，基础面平整度在 10m 以内误差不能大于 3mm，10m 以外误差不能大于 5mm。

（2）设备仪器进场前，先送至经授权的质量检定机构检定，经检定合格后方可使用。

（3）按预先画定位置支模、浇筑高 30cm 的 C25 混凝土台座，混凝土初凝前根据设计标高位置将定位板嵌固在台座上。

（4）对接平台制作完成后，利用激光水平仪对平台的标高及位置进行复测，以保证平台对钢管柱和工具柱对接的精准定位。

**2. 钢管柱和工具柱对接**

（1）成品钢管柱运输过程中注意对成品的保护，避免运输过程产生的碰撞变形等。

（2）在起吊放置结构柱和工具柱前，采用水准仪对整体对接平台进行校平。

（3）钢管桩、工具柱吊装就位，在拧紧对接螺栓前，利用水准仪再对平台进行二次校平。

（4）平台二次校平后，拧紧钢管柱、工具柱对接螺栓，对接螺栓在拧紧过程中可能因受力使钢管柱对接处翘起影响对接精度。此时，需要逐一检查钢管柱下部是否与对接平台紧密贴合。如果不贴合，需要调节对接螺栓重新固定。

### 1.2.10 安全措施

**1. 对接平台制作**

（1）现场对接场地进行硬地化，防止不均匀下陷。

（2）同心同轴对接平台制作人员必须经过专业培训，熟悉机械操作性能。

**2. 钢管柱和工具柱对接**

（1）钢管柱、工具柱进场后，按照施工分区图堆放至指定区域，要求场地地面硬化不积水，分类堆放，搭设台架单层平放，使用木楔固定防止滚动。

（2）吊车分别将对接的钢管柱、工具柱吊放至对接平台上，严禁冲击底座平台。

（3）现场钢管柱及工具柱较长较重，起吊作业时，派司索工指挥吊装作业；起吊时，施工现场起吊范围内的无关人员清理出场，起重臂下及影响作业范围内严禁站人。

（4）测量复核人员登上钢管柱时，采用爬楼登高作业，并做好在钢管顶部作业的防护措施。

# 第 2 章　逆作法结构柱平台定位新技术

## 2.1　基坑逆作法钢构柱一点三线定位施工技术

### 2.1.1　引言

当地下建（构）筑物设计采用逆作法施工时，通常结构柱在基坑开挖前先行施工。当结构柱设计采用钢构柱形式时，其整体结构为基坑底部为灌注桩，基坑底以上为钢构柱，钢构柱插入底部灌注桩约为3m。为确保地下室结构安全，逆作法施工对结构钢构柱的平面中心点、顶面标高、轴线分布、垂直度等要求较高，在实际施工中往往出现难以一次性对上述"一点三线"精准定位的问题。具体逆作法钢构柱结构见图2.1-1。

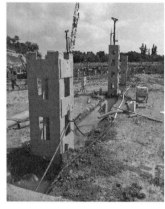

图 2.1-1　逆作法钢构柱施工

2019年3月，深圳市城市轨道交通13号线内湖停车场主体结构桩基工程开工，项目为地下一层停车场，基坑开挖长710m、宽100~170m，基坑开挖深度12.3m。地下停车场主体结构采用盖挖逆作法施工，竖向结构支撑构件采用永久性钢构柱，钢构柱下设置桩基础，钢构柱垂直度允许偏差1/300；钢构柱呈东西向间距8.4m、南北向间距11.5m布置，截面尺寸为650mm×600mm；柱下桩基础设计为直径$\phi$1200mm钻孔灌注桩，桩端扩底直径$\phi$2000mm，桩端持力层为强风化花岗岩。逆作法钢构柱布置具体见图2.1-2、图2.1-3。

在本项目的施工过程中，针对钢构柱定位4个方向指标控制难题，开展了"基坑逆作法钢构柱一点三线平台定位施工技术"研究，研发了一种专用的钢构柱定位平台，该平台通过上部作业平台、下部调节固定平台的设置，满足了钢构柱吊放、定位、固定以及各项工序操作，可对钢构柱进行一次性准确定位，达到定位准确、操作便利、安全高效、经济性好的效果。基坑逆作法开挖后，钢构柱外绑扎钢筋后浇筑成混凝土柱，现场情况见图2.1-4、图2.1-5。

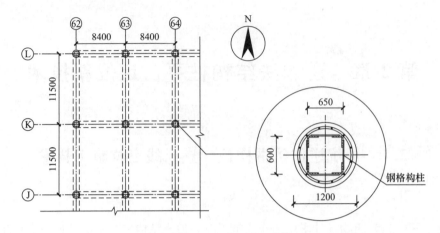

图 2.1-2　钢构柱平面及轴线平面布置图

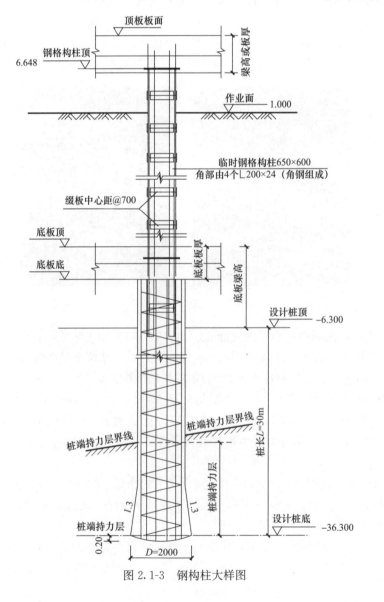

图 2.1-3　钢构柱大样图

图 2.1-4　逆作法开挖后钢构柱

图 2.1-5　"钢构柱＋钢筋＋混凝土"结构柱

## 2.1.2　工艺特点

### 1. 定位精准

本平台设置了上下两层螺栓调节装置，每一层 4 个方向均安设两个调节螺栓，螺栓直径 $\phi30\text{mm}$，具备自锁功能；对钢构柱 4 个方向、8 个方位进行调节；两侧对称设计了两套 5t 手拉葫芦挂钩，将钢构柱与平台框架连接、固定，对标高实施控制；底部框架设置了 1 层、4 个方向、8 个液压千斤顶油槽，通过液压千斤顶实施对钢构柱的微调。

### 2. 使用便利

定位平台由上部操作平台、下部定位调节平台组成，平台采用槽钢、三角钢焊接，总体尺寸为 2m×2m×3.2m（长×宽×高），使用时采用吊车安放至孔口位置，上部作业平台和下部调节固定平台均为敞开式作业，可进行任意操作；场地适应性强，体积小、自重轻，移动方便。

### 3. 安全可靠

本平台主要利用不同型号的三角钢焊接而成,各承重部位焊接牢固,使用安全、可靠。

### 4. 经济性好

本定位平台结构设计轻便,制作安装便利,使用成本低。

#### 2.1.3　适用范围

适用于基坑逆作法建筑永久性钢构柱的精准定位,垂直度偏差不超过 1/300;适用于基坑非逆作法超长钢构柱(大于 30m)的支撑立柱定位。

#### 2.1.4　工艺原理

本技术的工艺原理主要是利用这种钢构柱定位平台,对钢构柱平面中心点、水平标高线、轴线、垂直度(一点三线)进行一次性准确定位,达到定位准确、操作便利、安全高效、经济性好的效果,解决定位误差大、操作耗时长等问题。

#### 1. 定位平台组成

本定位平台主要由上部作业平台、下部调节固定平台两部分组成,具体定位平台见图2.1-6。

图 2.1-6　定位平台组成示意图及实物

#### 2. 上部作业平台结构及定位原理

(1) 上部作业平台结构

上部作业平台是在下部调节固定平台之上的工序操作平台,由底部的操作口、安全护栏、上下通行楼梯构成。具体结构见图2.1-7、图2.1-8。

(2) 上部作业平台定位原理

上部作业平台与下部调节固定平台尺寸相同,其平台底部孔口的中心点即为钻孔和钢构柱的中心点;在钢构柱定位时,上部作业平台为操作人员实施钢构柱扶正辅助定位工作,以及后续灌注导管安放、灌注桩身混凝土工序操作提供平台。

#### 3. 下部调节固定平台结构及定位原理

(1) 下部调节固定平台结构

1) 总体为框架结构,分为外框架和内框架,内外框架均为正方形设置,内外框架

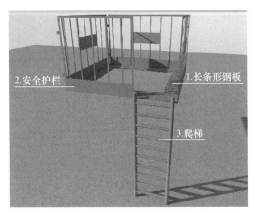

图 2.1-7　上部作业平台设计图

通过不同型号的槽钢、三角钢连接成稳固的整体。

2）外框架主要为承重设计，作为整个定位平台的主要受力构件，具备较强的刚度和稳定性；外框架底部的四边连接在钢梁上，每边设置两个油压调节装置，起到钢构柱轴线方向微调作用；内框架主要为调节固定框架，两层调节螺栓和手拉葫芦挂钩等均设置在内框架梁上。

3）平台框架柱采用 4 根 16 号竖向三角钢，焊接连接下部底座与上部作业平台。

图 2.1-8　上部作业平台底部孔口钢构柱定位及灌注导管固定架

4）下部底座外边采用 4 根 16 号横向三角钢焊接而成一个正四边形，内部采用 4 根型号为 Q235BL 180×180×120 的横向三角钢焊接成"井"字形内框架，与外边正四边形通过焊接方式相连接，水平距离为 0.2m；顶部采用 2 根型号为 Q235BL 125×125×60/80 的横向三角钢，另外对称两侧为 20cm 高长方体方钢，作为整个定位平台的主要承重结构。

平台框架结构及调节定位设置见图 2.1-9、图 2.1-10。

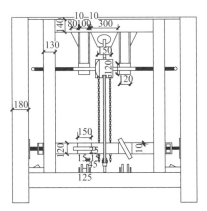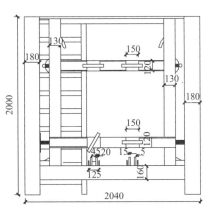

图 2.1-9　下部调节固定平台设计示意图

（2）下部调节固定平台定位原理

1）螺栓调节装置

根据两点一线确定垂直度的原理，在内框架中设置两层调节螺栓；为满足钢构柱轴线定位，在每一层、4个方向均设置两个调节螺栓，通过8个位置的螺栓拧紧、放松操作，可以对钢构柱的4个方向、8个方位进行有效调节，待方向准确后将螺栓拧紧固定；螺栓选用直径30mm粗杆，螺杆具备自锁功能。螺栓调节装置具体见图2.1-11～图2.1-13。

图 2.1-10　下部调节固定平台设计三维示意图

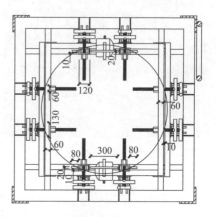

图 2.1-11　螺栓调节结构平面示意图

图 2.1-12　螺栓调节结构 3D 示意图

图 2.1-13　下层螺栓调节

图 2.1-14　手拉葫芦挂钩标高调节
固定装置示意图

2）手拉葫芦挂钩标高调节固定装置：当钢构柱中心点位置、轴线方向、垂直度均满足设计指标，并按规定进行固定后，对钢构柱顶部标高位置的固定就成为控制钢构柱的关键。为此，专门在平台内框架上对称设计了两套手拉葫芦挂钩系统，将钢构柱与平台框架连接，并通过手链操作将钢构柱固定。手拉葫芦型号为5t，钢构柱标高固定装置见图2.1-14、图2.1-15。

3）液压调节装置：当框架内设置的上下两层、共16个螺栓协调调节钢构柱时，如出现较小的误差，为了方便纠偏处理，专门在外框架底的4根连接横梁上，设计了一套液压微调装置，液压调节采用千斤顶设计，4根横梁每个方向上设置两个千斤顶油压槽，以便于对钢构柱的8个方位进行调节。具体见

图 2.1-16～图 2.1-18。

图 2.1-15　手拉葫芦固定钢构柱标高挂钩固定

图 2.1-16　钢构柱液压调节装置

图 2.1-17　液压调节千斤顶调节钢构柱（一）　图 2.1-18　液压调节千斤顶调节钢构柱（二）

### 2.1.5　施工工艺流程

基坑逆作法钢构柱一点三线平台定位施工工艺流程见图 2.1-19。

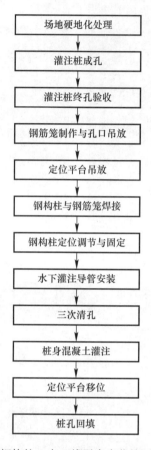

图 2.1-19　钢构柱一点三线平台定位施工工艺流程图

### 2.1.6　操作要点

**1. 场地硬地化处理**

（1）为确保钢构柱精确定位，对施工场地进行平整压实，并浇筑混凝土硬地化处理，便于平台找平。场地硬地化处理见图 2.1-20。

图 2.1-20　施工场地浇筑混凝土硬化处理

（2）为便于钢构柱轴线控制，按灌注桩轴线即钢构柱中心线留设一条贯通沟槽，沟槽宽度约 30cm、深 30cm，并作为灌注桩成孔期间泥浆沟，有效保证了现场的文明施工，具体见图 2.1-21。

图 2.1-21　钢构柱轴线位置预留泥浆沟槽

**2. 灌注桩成孔**

（1）桩孔定位：测量定位由专业测量工程师负责，现场准确测量桩位中心点，并拉十字交叉线引出 4 个对称的保护点，具体见图 2.1-22。

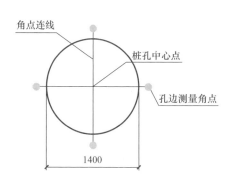

图 2.1-22　护筒定位十字交叉定位架

（2）护筒埋设：埋设护筒采用旋挖钻孔和人力配合，护筒直径 1500mm，护筒埋深 2m；护筒定位后由测量人员复测护筒标高和中心点位置，并回填压实。护筒埋设见图 2.1-23，护筒位置测量复核见图 2.1-24。

（3）成孔钻进：立柱桩设计为钻孔灌注桩，桩径 1200mm、桩长约 30～35m；施工中采用 SR280R 旋挖钻机成孔，钻进过程中使用优质泥浆护壁，直至设计终孔深度，钻进成孔施工见图 2.1-25。

图 2.1-23　护筒埋设　　　　　　图 2.1-24　护筒标高及中心点复测

（4）扩孔钻进：按设计要求扩底直径为 2000mm，直孔段钻进孔深至设计持力层后，采用旋挖捞渣斗进行一次清孔，再改换旋挖扩底钻头进行扩底；扩底至钻进行程满足要求后，将扩底钻头提出，改换捞渣斗进行二次清孔。旋挖钻进扩底施工见图 2.1-26。

图 2.1-25　旋挖钻机直孔段钻进成孔　　　图 2.1-26　灌注桩扩底钻进

## 3. 灌注桩终孔验收

（1）钻进成孔终孔后，报监理、业主进行现场验收，记录孔径、孔深、持力层、垂直度等。

（2）为确保成孔满足设计要求，采用 TS-K100 超声波侧壁仪对钻孔深度、垂直度等进行检验，以确保钻孔垂直度满足设计要求，保证下一步钢构柱的安装定位满足要求。超声波检测仪现场检测见图 2.1-27，现场检测结果见图 2.1-28。

## 4. 钢筋笼制作与孔口吊放

（1）钢筋笼按照设计图纸进行现场加工，并对原材料、焊接质量等进行有见证送检，制作完成后进行隐蔽工程验收。

图 2.1-27　钻孔现场超声波检测

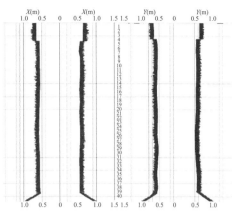

图 2.1-28　钻孔超声波检测结果

（2）钢筋笼检验合格后，利用履带式起重机起吊，起吊前对钢筋笼采取临时保护加固措施，起吊过程指派司索工现场指挥，保证安全起吊和钢筋笼不发生变形。钢筋笼吊放具体见图 2.1-29、图 2.1-30。

图 2.1-29　钢筋笼吊放

图 2.1-30　钢筋笼吊放入孔并孔口固定

### 5. 定位平台吊放

（1）吊车将定位平台吊至孔口，由测量工程师将平台中心点与钻孔中心的 4 个定位点形成的十字交叉中心线重合，并将钢筋笼的中心点对中，反复测量无误后确定平台安放位置。具体见图 2.1-31。

（2）安装好定位平台后，利用水平仪调整校正平台水平度，具体见图 2.1-32；若出现不平整，可在柱脚适当用薄方块木或钢片塞垫找平，确保平台满足要求。

（3）中心点、水平度、垂直度调整完成后，在混凝土硬地上钻孔，用膨胀螺栓将平台外框架柱底角固定，防止在使用过程中平台发生移位。平台与混凝土硬地螺栓固定见图 2.1-33，平台找平见图 2.1-34。

图 2.1-31　定位平台吊放

图 2.1-32　平台调试

图 2.1-33　定位平台膨胀螺栓固定

图 2.1-34　定位平台水平仪气泡找平

### 6. 钢构柱与钢筋笼焊接

（1）定位平台就位并安装验收合格后，即开始钢构柱与钢筋笼孔口焊接工序。

（2）钢构柱主要由型钢构成，尺寸为650mm×500mm，由4∟200mm×24mm等边角钢和缀板焊接而成，缀板为4-560（500mm×300mm×14mm），缀板中心间距700mm；在加工场加工成品后，报监理工程师进行验收，确保钢构柱符合设计图纸要求，钢构柱加工见图2.1-35。

（3）利用履带式起重机将已验收合格的钢构柱吊至孔口，吊放作业见图2.1-36。

图 2.1-35　钢构柱加工

（4）调整钢构柱方向后，通过定位平台下放至孔口钢筋笼内预定的搭接位置，将钢构柱固定好，进行钢构柱与钢筋笼间的孔口焊接；焊接采用直径18mm的弯起钢筋进行连接，弯起钢筋的一侧竖向与钢构柱侧壁焊接长度 25cm，另一侧与钢筋笼竖向主筋焊接长度为 25cm，弯起钢筋与钢构柱内侧成 30°角，具体见图 2.1-37。

图 2.1-36　钢构柱现场起吊

（5）焊接：焊条等级为 E50，所有焊缝满焊，厚度为 10mm，焊缝质量等级为二级，现场焊接见图 2.1-38。

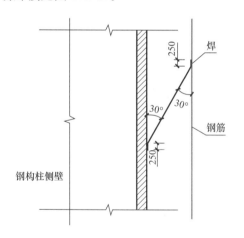

图 2.1-37　钢构柱与钢筋笼搭接大样　　　图 2.1-38　钢构柱与钢筋笼孔口搭接焊接

**7. 钢构柱定位与调节**

（1）钢构柱孔口与钢筋笼焊接并冷却后，进行焊接隐蔽验收，合格后吊放入孔；下放过程中，利用固定好的平台外框架调整轴线方向，即将钢构柱侧向一面平行于平台面，并按预定的标高位置吊放到位。现场吊放就位见图 2.1-39。

（2）钢构柱定位调节及固定操作原则：平面位置调节包括中心点、轴线位置、垂直度、标高等，定位时四项指标需协调一致，先初步就位、再微调精准定位、最后精确固定，需要反复调整、重复复核、测量校正。

（3）钢构柱标高固定：钢构柱稳定后，利用安装在定位平台顶部的手拉葫芦，按标高位置倒挂钩钩住钢构柱对称两侧的缀板位置，利用手拉葫芦上的拖拉链条对钢构柱标高进行调整，直至钢构柱达到设计标高。钢构柱缀板两侧与手拉葫芦固定见图 2.1-40，手拉葫芦见图 2.1-41。

图 2.1-39　钢构柱吊放就位

图 2.1-40　钢构柱手拉葫芦顶面标高调节固定

图 2.1-41　定位平台手拉葫芦挂钩及手拉葫芦

（4）测量工程师对钻孔中心点交叉线复核，无误后通过底部 4 个定位架，将中心线引入格构柱中心，利用细线在钢构柱上口端示出钢构柱中心点位置；同时，在格构柱顶面位置，设置其中心位置交叉线，通过上下两条交叉线复核位置；然后，通过平台内框架设置的上下两组、每组 4 边各 8 个螺栓，对格构柱进行调节定位；调节位置时，对比标尺刻度，通过上下两层各 8 个螺栓协调一致，细微调整，直至中心点、垂直度、轴线位置均满足设计要求。具体见图 2.1-42～图 2.1-45。

图 2.1-42　钻孔中心点十字交叉线孔口定孔架

图 2.1-43　钻孔中心交叉线引至　　　图 2.1-44　钢构柱顶面位置
　　　　　钢构柱中心点　　　　　　　　　　十字标尺交叉线

图 2.1-45　钢格构定位调节螺栓位置固定

（5）若钢构柱固定后，出现轻微的变化或误差，为了方便调节，专门在平台底部设置了四面八个调节液压油阀调节装置，通过八个方向的加压调整钢构柱的位置；使用调节油阀进行位置移动时，压力不可过大，缓慢轻微地加压调整，具体见图2.1-46。

图2.1-46　钢构桩液压千斤顶油阀加压调节位置

（6）钢构柱定位检验：现场主要采用测量仪测量定位、水平仪水泡测量、靠尺测量垂直度，以及激光测量轴线偏差等，现场检测见图2.1-47、图2.1-48。

图2.1-47　钢构柱靠尺检测垂直度　　图2.1-48　钢构柱左、右两侧激光检测轴线位置和垂直度

图2.1-49　平台上安放导管安装

### 8. 水下灌注导管安装

（1）钢构柱固定完成后，吊车钢索脱离钢构柱，进行水下灌注导管安装，利用履带式起重机平稳吊起导管，逐节在校正架操作平台将导管从钢构柱中安装。

（2）导管安装过程中，缓慢小心下入，严禁与钢构柱发生猛烈撞击，避免钢构柱出现移位情况。灌注导管安放具体见图2.1-49。

### 9. 三次清孔

（1）灌注桩身混凝土前，测量孔底沉渣厚度，如果出现沉渣超标，则利用灌注导管和空压机，采用气举反循环方式进行第三次清孔。

（2）采用集装箱建立现场泥浆循环系统，调配好优质泥浆，抽吸出的泥浆经过泥浆净化器处理，保持泥浆良好性能，达到泥浆循环利用的效果，分离出的泥渣集中堆放外运。

（3）清孔过程中保持孔内泥浆面高度，并定期测量沉渣厚度，如满足设计要求，则立即开始灌注桩身混凝土。现场泥浆循环系统及净化处理见图 2.1-50、图 2.1-51。

图 2.1-50　现场泥浆循环系统　　　　图 2.1-51　现场泥浆净化处理

### 10. 桩身混凝土灌注

（1）由于定位平台具有一定的高度，现场利用混凝土泵车进行混凝土泵送灌注，见图 2.1-52。

图 2.1-52　混凝土浇筑

（2）混凝土浇筑保持连续施工，不得无故中断；如无法连续施工，则每间隔 30min 左右上下活动导管。

（3）在混凝土灌注过程中，定期观察混凝土灌注高度，及时拆卸导管。

（4）在混凝土灌注过程中，派专人监控钢构柱的垂直度以及中心点位是否发生变化。

### 11. 定位平台移位

（1）待混凝土强度达到终凝效果（约 12h）后，校正架可拆除，先整体松动调节螺栓，再利用手动拉链下放倒钩，最后拆除膨胀螺栓，利用履带式起重机将平台移开。

（2）不得在混凝土强度未达到强度要求时将校正架移开，以免导致钢构柱偏移。

**12. 桩孔回填**

（1）由于设计标高以上钢构柱位置与钻孔壁空隙较大，对钢构柱的稳定存在一定的安全隐患，因此按设计要求对桩孔进行回填。

（2）回填使用级配细石，粒径为2～4cm。

（3）在回填过程中，将细石均匀下落，避免细石挤开钢构柱使钢构柱偏位。

图2.1-53 上部作业平台及附属设施示意图

### 2.1.7 材料与设备

**1. 上部作业平台规格尺寸**

本工艺所用材料主要为三角钢、调节螺栓、葫芦挂钩等。

（1）规格：上部作业平台是在下部调节固定平台之上，由4块3mm厚的长条形钢板呈正四边形焊接而成，四周设1.2m高的安全护栏，并设2m高的人行爬梯。

（2）尺寸：上部作业平台高度为2m×2m×1.2m（长×宽×高）。上部作业平台具体见图2.1-53。

（3）材料构成：上部作业平台材料构成见表2.1-1。

上部作业平台材料构成表　　　表2.1-1

| 编号 | 名称 | 数量 | 规格尺寸 | 备注 |
|---|---|---|---|---|
| 1 | 长条形钢板 | 4块 | 2m×0.3m | 长×高 |
| 2 | 安全护栏 | 4面 | 2m×2m×1.2m | 长×宽×高 |
| 3 | 爬梯 | 1个 | 2m | 高度 |

**2. 下部调节固定平台规格材料**

（1）规格

平台整体外部尺寸为2.2m×2.2m×2m（长×宽×高），现场平台高度可根据钢构柱露出地面高度进行调整。

（2）材料

调节固定平台主要材料组成为三角钢、工字钢、长条形钢板、粗丝杆、手拉葫芦、挂钩等，根据各部位作用功能的不同，采用各种不同类型的角钢焊接制作而成，下部调节固定平台材料构成见表2.1-2，调节固定平台材料位置具体见图2.1-54。

下部调节固定平台材料用表　　　表2.1-2

| 编号 | 名称 | 数量 | 规格尺寸 | | 备注 |
|---|---|---|---|---|---|
| 1 | 工字钢 | 8块 | 腹板 | 1.08m×0.1m | 长×宽 |
| | | | 翼板 | 1.08m×0.05m | 长×宽 |
| 2 | Q235B∟180×180×120 | 12块 | 2m | | 高 |
| 3 | Q235B∟180×180×120 | 4块 | 1.66m | | 高 |

续表

| 编号 | 名称 | 数量 | 规格尺寸 | 备注 |
|---|---|---|---|---|
| 4 | Q235BL 125×125×60/80 | 2块 | 1.08m | 长 |
| 5 | 长方体钢方条 | 2块 | 1.08m×0.1m×0.2m | 长×宽×高 |
| 6 | 倒钩固定架 | 2个 | 个 | |
| 7 | 液压油槽 | 8个 | 5t | 最大起重 |
| 8 | 手拉葫芦倒钩 | 2套 | 5t 手拉葫芦 | |
| 9 | 粗丝螺杆、螺母 | 16套 | M40，$\phi30$ | 自锁功能 |

图 2.1-54　调节固定平台材料示意图

### 3. 机械设备

本工艺现场施工主要机械设备配置见表 2.1-3。

主要机械设备配置表　　　　　　　　　表 2.1-3

| 序号 | 机械名称 | 型号 | 用途 |
|---|---|---|---|
| 1 | 手拉葫芦 | 5t | 钢构柱标高定位 |
| 2 | 千斤顶 | RSC-10150 | 钢构柱水平位移微调 |
| 3 | 履带式起重机 | SCC500C | 钢构柱及定位平台起吊 |

### 2.1.8　质量控制

#### 1. 钻进成孔

（1）钢构柱成孔钻进可采用旋挖钻进和扩底。

（2）钻进时控制好泥浆的相对密度。

（3）钻进完成后，进行质量检验，要求垂直度偏差不大于 1‰，桩径偏差−50mm，桩位允许偏差 50mm。

（4）钻孔达到设计深度，灌注混凝土前，孔底沉渣厚度指标不大于 100mm。

#### 2. 钢筋笼制作

（1）钢筋笼的材质、尺寸符合设计要求。

（2）搬运和吊装钢筋笼时应防止变形。

#### 3. 钢构柱制作

（1）钢构柱制作选用材料符合设计要求。

（2）焊接时，严格控制作业电流的大小。

（3）焊缝钢构柱表面平整，不得有裂纹、焊瘤、烧穿、弧坑等缺陷。

（4）焊缝长度、高度、宽度按照设计要求及相关规范要求施工。

#### 4. 钢构柱吊装

（1）吊装时，在钢构柱上设置合适的吊点，避免因起吊受力不均导致管体偏移、滑落情况的发生。

（2）钢构柱吊装入井孔时，需保证钢构柱中心与孔中心对齐，保证钢构柱吊装下放时平稳入孔。

### 2.1.9 安全措施

#### 1. 钢构柱及钢筋笼制作

（1）焊接时，操作人员穿戴好劳保用品。

（2）钢构柱、钢筋笼分类加工堆放。

（3）电焊机外壳接零接地良好，其电源的拆装应由专业电工进行；现场使用的电焊机须设有可防雨、防潮、防晒的机棚，作业前进行动火审批，并备有消防器材。

（4）钢筋笼连接时，采用机械式接头。

#### 2. 钢构柱及钢筋笼吊装

（1）吊装时，安全员到场旁站，司索工指挥作业。

（2）起吊钢构柱时，其总重量不得超过起重机规定的起重量，并根据钢构柱重量和提升高度调整起重臂长度和仰角，配置吊索和笼体本身的高度，留出适当空间。

（3）钢构柱起吊安装时，平台作业人员系好安全带，做好与地面人员的配合。

## 2.2 基坑逆作法钢管结构柱双平台定位施工技术

### 2.2.1 引言

为确保地下建筑结构的安全，地下结构柱部分与地下梁板连成整体。当地下结构柱采用钢管柱时，钢管柱中心和垂直度偏差要求高。对于钢管立柱施工通常有两种工艺方法，一是采用立柱与钢筋笼整体吊放定位法，二是采用全回转全套管钻机定位法。

在实际项目施工过程中，对于逆作法钢管结构柱的定位，采用钢管立柱与钢筋笼对接下入法，只作为临时基坑支撑钢管立柱时采用，难以满足作为结构柱的钢管立柱对平面位置精度与垂直度的要求。而采用全回转全套管安放钢管结构柱时，垂直度精度可达到1/500～1/300，但其机械设备体量大，施工工艺操作复杂，较适合直径 800mm 以上的结构柱定位施工。因此，针对逆作法中钢管立柱直径 600mm 的定位施工，采用了一种定制的孔口定位平台，通过三级定位平台完成精确调节定位与保证垂直度的施工工艺，较好解决逆作法中钢管立柱垂直度精准定位难的问题，取得了显著成效，形成了施工新技术。

### 2.2.2 工艺特点

#### 1. 操作简便

本工艺所采用的定位平台均为规则的方形结构，采用 H 型钢与钢板焊接制作而成，制作工艺简单；整个作业平台自重约 1.5t，自重轻，便于就位、便于操作。

#### 2. 定位精准

本工艺所采用的定位平台底座就位时其中心点与钻孔的十字交叉点重合，可确保钢管柱中心就位；调节定位过程中，根据测量工程师现场测定的钢管位置，通过移动调节定位平台对钢管柱进行精确定位并固定；本定位平台通过测量仪器测控、人工调试、平台固定等综合手段，实现钢管立柱平面位置和垂直度精准定位，完全满足结构施工需要。

#### 3. 适应性强

本工艺采用的定位平台有平台底座，可以为上部的作业平台提供稳定的基础，使整个作业平台安放稳固；定位平台体积较小、自重较轻，能够在施工场内使用小型吊车进行吊装转移，平台适应性强，使用范围广。

#### 4. 施工成本低

本工艺使用的定位平台制作成本低，可重复使用，定位精准快捷，节省大量辅助作业时间，加快了施工进度，综合施工成本低。

### 2.2.3　适用范围

适用于基坑逆作法、钢管柱直径 600mm 的结构柱定位和基坑深度大于 20m 的支撑钢管立柱定位。

### 2.2.4　工艺原理

本技术的工艺原理是利用双定位平台，通过测量仪器现场测控、人工调试、平台固定等综合手段，实现钢管立柱平面位置和垂直度精准定位。

#### 1. 钢管立柱双定位平台结构

本工艺所述采用双平台定位，下部为平台底座，上部为定位作业平台。

（1）平台底座为 6 根 H 型钢焊接而成的独立长方形结构，其宽比立柱桩大 10cm。

（2）作业平台由三层结构组成，从下至上对应为基座、调节定位平台及操作平台三部分，主要完成钢管立柱定位、现场测量复核、混凝土灌注等现场操作，并设有安全护栏、楼梯等附属结构，三层结构通过 H 型钢焊接在一起，构成整体作业平台。具体见图2.2-1、图 2.2-2。

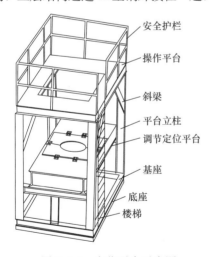

| 图 2.2-1　定位平台示意图 | 图 2.2-2　定位平台实物 |

#### 2. 钢管立柱双平台定位工艺原理

钢管立柱定位主要包括钢管柱中心点、垂直度、标高定位，其分别通过定位平台的功能予以实现。

（1）底座定位原理

定位平台底座在终孔后吊放到位，并使底座的中心十字交叉点与桩孔 4 个定位点的十字交叉线重合，为上部平台提供一个稳固的基础；底座的中心点在最终定位时，可作为与调节定位平台点共同确定钢管立柱垂直度的基点之一。具体见图 2.2-3、图 2.2-4。

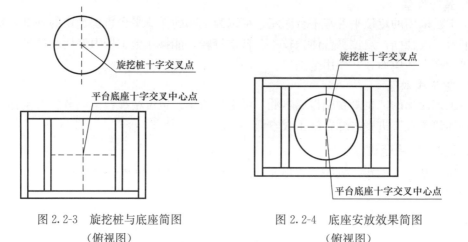

图 2.2-3　旋挖桩与底座简图　　　　　图 2.2-4　底座安放效果简图
　　　　　（俯视图）　　　　　　　　　　　　（俯视图）

（2）作业平台定位原理

1）本工艺所采用的作业平台，其基座结构尺寸与底座完全相同，安放时保持基座与底座位置完全重叠，以确保作业平台的准确定位。

2）调节定位平台采用可移动设计，是整个定位平台的核心部分，主要根据测量工程师现场测定的钢管位置，通过移动调节定位平台对钢立柱进行精确定位，在精准定位后将调节定位平台固定。

3）在作业平台最上部的操作平台上，通过现场工程师采用测量仪器现场测控、人工调试的方式进行调节定位，使其十字交叉中心点、竖直细杆引导点、立柱中心点达到三点共线，即完成了立柱的定位；随后吊放直径 600mm 钢管柱入孔，通过调节定位平台采用量尺、水平仪、靠尺等精确调节定位；钢管柱定位后，将上底座与作业平台、钢管柱与定位平台临时焊接固定，具体见图 2.2-5～图 2.2-8。

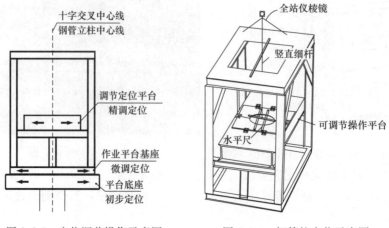

图 2.2-5　定位调节操作示意图　　　　图 2.2-6　钢管柱定位示意图

 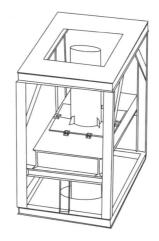

图 2.2-7　操作平台上测定钢管　　　图 2.2-8　定位平台、钢管立柱固定
　　　立柱位置　　　　　　　　　　　　示意图

4）在钢管立柱与定位平台临时焊接固定后，开始灌注桩身混凝土，并采用专门定制的碎石斗回填碎石，以确保钢管立柱的垂直度。

### 2.2.5　施工工艺流程

基坑逆作法钢管立柱双平台定位施工工序流程见图 2.2-9。

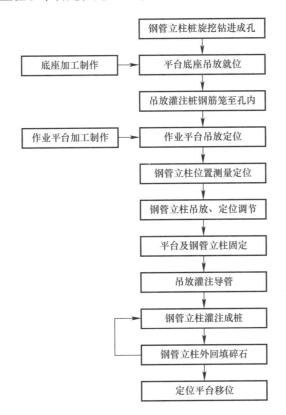

图 2.2-9　基坑逆作法钢管立柱双平台定位施工工序流程图

### 2.2.6 工序操作要点

#### 1. 钢管立柱桩旋挖钻进成孔

（1）根据设计图纸提供的坐标计算桩中心线坐标，采用全站仪根据地面控制点进行实地放样，并引出桩位中心点的十字交叉线，见图2.2-10。

（2）放出桩位后即可埋设护筒，护筒高1.5～2.5m，护筒与孔壁之间用黏土填实，护筒高出地面0.3～0.5m。

（3）采用旋挖机旋挖钻进，成孔过程中采用泥浆护壁，以保证孔壁稳定，并关注机内垂直度仪表，严格控制桩位垂直度及钢管立柱桩位中心点，具体见图2.2-11。

图2.2-10 桩孔测量定位

图2.2-11 旋挖钻进成孔

图2.2-12 现场泥浆调试

（4）钻进至设计标高后终孔，并对桩孔进行清孔作业。清孔采用旋挖平底捞渣钻头进行，在清孔过程中保持孔内液面稳定，直至孔内的泥浆指标符合规范要求，且沉渣厚度不大于设计要求。现场泥浆调试见图2.2-12。

#### 2. 平台底座吊放就位

（1）完成钢管立柱桩旋挖成孔后，开始吊装定位平台。

（2）本平台底座采用6根H型钢，尺寸300（$H$）×150（$B$）×6.5（$t_1$）×9（$t_2$）×16（$R$），底座焊接成长方形架构，中间设两根横梁，两根横梁形成1.4m×2.0m的空间，具体构造详见图2.2-13、图2.2-14。

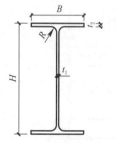

图2.2-13 H型钢尺寸对应图

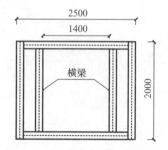

图2.2-14 底座简图（俯视图）

（3）吊放平台底座前，先将桩位护筒四周进行平整，并将平台底座安放范围内的场地压实。

（4）在直径 1200mm 钻孔终孔后，吊放定位平台底座，并使底座的中心十字交叉点与桩孔 4 个定位点的十字交叉线重合，现场定位具体见图 2.2-15。

**3. 吊放灌注桩钢筋笼至孔内**

（1）钢筋笼制作：钢筋搭接采用双面焊接，焊接长度≥5d，接头位置相互错开，主筋与箍筋点焊，采用汽车式起重机将钢筋笼吊放至桩孔。

图 2.2-15　安放平台底座并定位

（2）下放钢筋笼前，先将钢筋笼顶部钢筋稍微向外扩开，方便后期钢管立柱的下放。

（3）吊放钢筋笼时，依托底座对钢筋笼进行定位，采用钢管将其固定于孔口位置，然后用吊筋对钢筋笼进行焊接固定，通过吊筋的长度来控制钢筋笼顶标高位置，具体见图 2.2-16、图 2.2-17。

图 2.2-16　钢筋笼固定于孔口现场图

图 2.2-17　焊接吊筋现场图

**4. 作业平台吊放定位**

（1）完成钢筋笼定位后，随后吊放上部的作业平台，作业平台由基座、调节定位平台及操作平台组成，其基座结构尺寸与底座完全相同，并保持基座与底座位置完全重叠安放，以确保作业平台的准确定位。

（2）作业平台各部位的制作材料详见表 2.2-1。

定位平台制作材料表　　　　　　　　　　　　　　　　　　表 2.2-1

| 部位 | | 制作材料 |
| --- | --- | --- |
| 作业平台 | 基座及立柱 | H 型钢（HN150×75×5×7×10） |
| | 操作平台 | H 型钢、5mm 厚钢板 |
| | 调节定位平台 | H 型钢、1.2m×0.625m、25mm 厚钢板、5mm 厚钢板 |
| | 附属结构 | 三级钢筋 E22 |

（3）作业平台主要完成钢管立柱定位、现场测量复核、混凝土灌注等现场操作，整个平台长 2.5m、高 2.5m、宽 2.0m，平台结构通过 H 型钢焊接在一起，构成整体作业平台。具体见图 2.2-18、图 2.2-19。

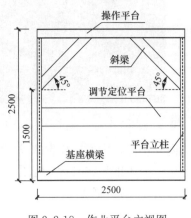

图 2.2-18　作业平台主视图

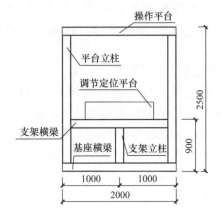

图 2.2-19　作业平台左视图

（4）作业平台基座：作业平台最下部分为基座，基座整体框架由 4 根 H 型钢焊接而成，详见图 2.2-20、图 2.2-21。

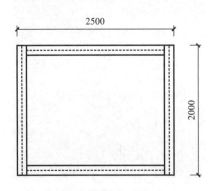

图 2.2-20　可调节定位平台图

图 2.2-21　可调节定位平台图

（5）作业平台的调节定位平台：底部由 6 根 H 型钢焊接骨架，骨架两侧用钢板平铺焊接；以两块钢板组合的矩形中心点作为圆心，切割半径为 0.3m 的圆，使得两块钢板各有一个 $r=0.3$m 的半圆，将钢板通过合页与骨架连接起来，并在钢板上焊接短钢筋用于钢板开闭，详见图 2.2-22～图 2.2-24。

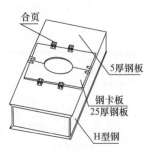

图 2.2-22　调节定位平台图

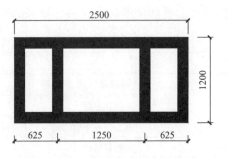

图 2.2-23　调节定位平台架构图

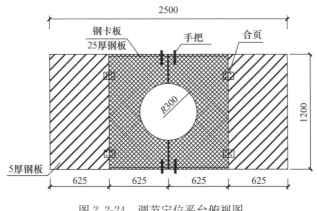

图 2.2-24　调节定位平台俯视图

（6）作业平台的操作平台：设置在定位平台的顶部，用 H 型钢焊成骨架，再用钢板在骨架上铺平焊接，预留一个矩形洞口下立柱、灌注桩身混凝土，具体见图 2.2-25、图 2.2-26。

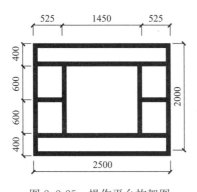

图 2.2-25　操作平台构架图

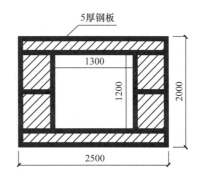

图 2.2-26　操作作业平台俯视图

（7）作业平台的附属结构主要为安全护栏、楼梯，为工作人员提供登高及保证作业安全。详见图 2.2-27。

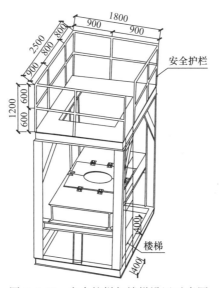

图 2.2-27　安全护栏与楼梯设置示意图

（8）平台底座与作业平台基座的截面尺寸一致，安放时四周对齐，用水平仪量测水平度，并进行位置调整，具体见图 2.2-28、图 2.2-29。

图 2.2-28　吊装作业平台现场　　　　　图 2.2-29　作业平台测量调整现场

### 5. 钢管立柱位置测量定位

（1）吊放定位作业平台后，在操作平台上架立棱镜对钢管立柱中心点进行放样，棱镜立杆点即为立柱中心点，具体见图 2.2-30。

（2）保持棱镜不移动，利用竖直细杆将棱镜立杆点坐标引到可调节定位平台。

（3）用卷尺测量调节定位平台十字交叉中心点与竖直细杆引导点的距离。

（4）根据卷尺测量的结果，将调节平台向相应的位置进行调节移动，使得调节定位平台十字交叉中心点与竖直细杆引导点重合。

（5）调节定位平台十字交叉中心点、竖直细杆引导点、立柱桩中心点达到三点共线，即完成了钢管立柱的定位。

### 6. 钢管立柱吊放、定位调节

（1）钢管立柱在吊放前，通过人工对钢管立柱顶部切割出孔洞，方便吊装操作，具体见图 2.2-31。

图 2.2-30　全站仪放样

（2）当定位工作完成后，打开可调节操作平台的钢卡板，吊入钢管立柱并下放至设计标高，吊车始终保持起吊状态，具体见图 2.2-32。

（3）钢管立柱吊放完成后，关闭钢卡板，利用水平尺对钢管立柱的垂直度进行检验；当钢管立柱的垂直度不满足要求时，根据水平尺测量的结果，将钢管立柱往气泡偏向相反的方向缓慢推送，直至水平尺中的测量气泡居中，具体见图 2.2-33。

（4）定位复核如发现平台误差，可通过在调节定位平台支撑下垫钢板、钢片等调节水平，具体见图 2.2-34。

图 2.2-31　钢管立柱切割吊孔

图 2.2-32　现场吊放钢管立柱

图 2.2-33　钢管立柱垂直度
现场校核

图 2.2-34　定位调节平台下垫压
钢片调节水平

**7. 平台及钢管立柱固定**

（1）当钢管立柱准确就位后，即对定位平台进行固定，确保后续操作不影响钢管立柱。

（2）在保证钢管立柱垂直度及操作平台水平的情况下，将底座与作业平台的基座进行固定，采用电焊进行焊接连接，具体见图 2.2-35。

（3）由于调节定位平台容易产生移动，即需要将其与作业平台的支架横梁进行固定，采用电焊进行焊接连接，具体见图 2.2-36。

（4）待调节平台焊接固定后，将钢管立柱与调节定位平台进行固定，通过采用牛腿型钢板沿着钢管立柱四周均布将两者用电焊焊接，以此来控制钢管立柱的标高以及立柱中心点的位置，通过固定平台及钢管立柱，确保在后续施工中钢管立柱及作业平台不会出现偏差。钢管立柱固定见图 2.2-37。

图 2.2-35　底座与作业平台的基座焊接固定

图 2.2-36　调节定位平台与支架横梁的连接固定

图 2.2-37　钢管立柱牛腿固定

## 8. 吊放灌注导管

（1）利用吊车将灌注导管的卡扣板吊至操作平台上，具体见图 2.2-38。

（2）吊车将灌注导管逐节下入孔内，在操作平台上连接，具体见图 2.2-39。

图 2.2-38　吊装导管卡扣板

图 2.2-39　安放灌注导管

（3）导管安放后，测量孔底沉渣厚度如沉渣厚度超标则进行清孔。

（4）清孔完成后，起吊灌注斗，将导管与灌注斗连接，此时吊车保持起吊状态，避免下料时混凝土对料斗的冲击影响，保证灌注料斗的安全、稳定，具体见图 2.2-40。

9. **钢管立柱灌注成桩**

（1）安放灌注斗底口球胆和混凝土盖板，并用水冲洗湿润导管和灌注斗，以便混凝土下料顺畅，具体见图 2.2-41。

图 2.2-40 灌注斗吊装       图 2.2-41 冲洗导管和灌注斗

（2）利用混凝土天泵车输送混凝土，先往灌注斗内泵送混凝土，待灌注斗内混凝土量满足初灌要求后，起拔灌注斗底部的隔离盖板，混凝土灌入孔内，完成混凝土初灌，具体见图 2.2-42。

（3）初灌完成后，利用吊车吊卸灌注斗，通过天泵输送管直接往导管内泵送混凝土完成后续灌注工作，具体见图 2.2-43；当混凝土灌注至设计标高时停止灌注，约 4h 后再进行钢管立柱管内混凝土灌注。

图 2.2-42 混凝土初灌孔口返浆       图 2.2-43 钢管立柱混凝土灌注

### 10. 钢管立柱外回填碎石

（1）灌注钢管立柱混凝土时，采用边灌入混凝土、边逐渐提升导管，始终保持导管下端在混凝土内不少于2m，导管拆除见图2.2-44。

（2）由于钢管立柱与孔壁之间存在间隙，在灌注钢管内混凝土的过程中，容易造成钢管立柱的移动；为确保钢管立柱的垂直度，在钢管立柱和孔壁之间的间隙中回填碎石，碎石采用级配石，粒径2～4cm，孔内灌注见图2.2-45、图2.2-46。

图2.2-44　拆卸灌注导管　　　　　　　　图2.2-45　碎石回填

（3）采用定制的碎石斗回填碎石，碎石斗见图2.2-47；在灌注钢管柱内混凝土的过程中，每往钢管立柱中灌注一段约3m长的混凝土时，随即往钢管立柱和孔壁之间的间隙中回填相应深度的碎石。

图2.2-46　级配碎石　　　　　　　　　图2.2-47　碎石斗

### 11. 定位平台移位

（1）钢管立柱灌注工作完成，待混凝土养护12h后，将定位平台移位，具体见图2.2-48。

（2）移位吊装前，将平台间固定的位置氧焊脱离，并用吊车将平台吊离，钢管立柱施工完成现场见图2.2-49。

图 2.2-48　定位平台移位

图 2.2-49　完工后钢管立柱

## 2.2.7　材料与设备

### 1. 材料

本工艺所用材料主要为钢筋、钢护筒、焊条、混凝土、钢立柱、碎石、钢铁片等。

### 2. 机械设备

本工艺所涉及的设备主要有汽车式起重机、旋挖机、定位平台等，详见表 2.2-2。

主要机械设备配置表　　　　　　　　　　　　　　　　表 2.2-2

| 设备名称 | 型号 | 备注 |
| --- | --- | --- |
| 旋挖机 | SR365 | 旋挖成孔施工 |
| 汽车式起重机 | 50t | 吊放钢筋笼、吊装混凝土导管、吊放定位平台 |
| 定位平台 | 自制 | 实现结构柱精准定位 |
| 全站仪 | ES-600G | 桩位放样、垂直度观测 |
| 挖掘机 | 住友 200 | 对桩位四周进行初步平整 |
| 碎石斗 | 自制 | 回填碎石 |

## 2.2.8　质量控制

### 1. 泥浆

（1）选用优质膨润土配制泥浆，保证护壁效果。

（2）钻进过程中，保证泥浆液面高度，调整好泥浆指标及性能，钻具提离孔口前及时向孔内补浆，确保孔壁稳定。

### 2. 成孔

（1）钻机就位前，场地处理平整压实，钻机按指定位置就位后，调正桅杆及钻杆的角度。

（2）旋挖成孔时，严格控制桩身垂直度；在钻进过程中若发生偏差，及时采取相应措施进行纠偏。

(3) 在灌注桩身混凝土前，保持孔内泥浆相对密度 1.05～1.15。

**3. 钢筋笼制作及安放**

(1) 钢筋笼主筋焊接采用机械式套筒连接，钢筋笼每一周边间距 3～5m 设置混凝土保护块。

(2) 钢筋笼采用吊车吊放，吊装时对准孔位，吊直扶稳，缓慢下放就位。

**4. 钢管立柱制作及垂直度控制**

(1) 钢管柱制作时，认真检收构件加工质量，验收内容包括构件的材质、物理力学性能指标、构件长度、垂直度、弯曲矢高等项目。

(2) 为防止钢管柱腐蚀，需在钢管柱安装前在钢管外壁涂刷防锈涂料。

(3) 钢管立柱吊装为整体一次吊装，吊至调节定位平台中心，在下放的过程中随时观测钢管柱偏移情况，严格控制其垂直度，利用水平尺对钢管立柱的垂直度进行检验，并配合人工调整的方式，使钢管立柱的垂直度满足设计要求。

(4) 钢管立柱吊装就位后，对顶标高及垂直度等进行测量并校正，校正完成并对底座、作业平台及钢管立柱进行临时焊接固定。

**5. 灌注成桩**

(1) 在灌注底部灌注桩混凝土时，需保证初灌混凝土方量，确保埋管深度满足设计要求。

(2) 混凝土坍落度符合要求，混凝土运输途中严禁任意加水。

(3) 灌注导管密封不漏水，导管下口离孔底距离控制在 0.3～0.5m。

(4) 混凝土初灌量保证导管底部一次性埋入混凝土内 1.0m 以上。

(5) 灌注混凝土连续不断地进行，及时测量孔内混凝土面高度，导管埋深控制在 2～6m，严禁将导管底端提出混凝土面。

(6) 灌注钢管柱内混凝土时，同步在钢管柱外壁回填碎石，防止浇筑的过程中钢管柱发生偏斜，采用边浇筑边回填的方式进行。

### 2.2.9 安全措施

**1. 旋挖钻进**

(1) 旋挖机操作人员持证上岗，熟练掌握机械操作性能。

(2) 旋挖钻机作业时，听从现场施工员的指挥。

(3) 旋挖钻机的工作面需进行平整压实，防止桩机出现下陷导致倾覆事故发生。

**2. 吊装作业**

(1) 起吊钢筋笼时，其总重量不得超过起重机相应幅度下规定的起重量，并根据笼重和提升高度，调整起重臂长度和仰角。

(2) 起吊钢筋笼时，起重臂和笼体下方严禁人员工作或通过。

(3) 吊装设备发生故障后及时进行检修，严禁带故障运行和违规操作，杜绝机械事故。

(4) 钢管柱吊点布置易对称布设，在吊放插入钢筋笼前吊直扶稳，不得摇晃和强行入孔。

（6）钢管柱吊入作业平台时，缓慢操作，严禁甩放钢管立柱。

### 3. 焊接作业

（1）电焊工持证上岗，正确佩戴专门的防护用具。

（2）氧气、乙炔罐分开摆放，切割作业由持证专业人员进行。

### 4. 平台作业

（1）平台安置前，对场地进行平整夯实，确保平台安放的稳定性。

（2）作业平台上部的操作平台侧面需设立栏杆并且牢固可靠，人员在操作平台上测量定位或作业时，需系挂安全带，严禁违章作业。

（3）高空作业时，施工工具零件上下传递时严禁抛丢。

# 第 3 章　逆作法结构柱后插定位施工新技术

## 3.1　逆作法钢管柱液压垂直插入施工技术（HPE 工法）

### 3.1.1　引言

在逆作法施工过程中，难度最大的就是施作其竖向支撑结构，竖向结构的垂直度越高，越能有效减少支撑结构的直径，提高地下空间的使用面积。尤其是当前地下空间向深层发展，竖向结构的垂直度就愈发显得重要。通常，逆作法竖向结构多采用"钢管柱＋灌注桩"形式，目前大多采用人工安装定位器、简易校正定位架、搓管机、全回转钻机等方法来配套定位和校正垂直度，但多存在工序复杂、工效偏低、施工成本较高等缺点，给高精度钢管柱定位带来困难。钢管结构柱构造见图 3.1-1。

图 3.1-1　钢管柱构造图

为了解决灌注桩顶插入永久性钢管柱施工中的关键技术问题，浙江鼎业基础工程有限公司针对性地开展 HPE 液压垂直插入永久性钢管柱施工工艺的研发，形成了施工新技术，取得显著效果。HPE 工艺首先从定位上设计出一种机械化作业的施工机具，从源头上消除了钢管柱人工入孔的安全风险；为了解决钢管柱定位的垂直精度，经反复试验，开发出一套智能垂直纠偏控制系统，施工过程中 HPE 液压垂直插入机配置智能化施工管理装置，结合地面经纬仪及钢管柱下部加装的垂直仪传递到电脑上的数据，实施三重检测钢管柱的垂直度，可实时进行纠偏，实现了数字化作业。经大量的在实际工程施工中应用证明，该施工工艺在灌注桩混凝土灌注完成后能一次性将钢管柱垂直插入到混凝土中，垂直精度能控制在 1/1200～1/500，定位质量可靠、施工速度快、工效高，大大减少了施工安全风险，同时降低了施工综合成本。HPE 工法液压垂直插入机见图 3.1-2，钢管柱定位施工完成后现场开挖情况见图 3.1-3。

图 3.1-2　HPE 工法液压垂直插入机　　　图 3.1-3　钢管柱施工完成后开挖现场

### 3.1.2　工程实例

#### 1. 工程概况

北京城市副中心站综合交通枢纽，位于通州杨坨地区，地处副中心 $155km^2$ 范围内的核心功能区，副中心站枢纽向东连通天津滨海新区和唐山地区，南北连接北京首都机场与大兴国际机场。

本项目拟建场地现状大部分为农田，以及一部分低层民居和小型企业，车站北侧距离约 30m 为既有京哈铁路，车站从西向东依次下穿既有北京地铁 6 号线区间、芙蓉东路、玉带河东街、东六环辅路、东六环主路、通运东路等地铁及市政道路。

#### 2. 地层情况

本次勘察的控制性勘探孔最大深度为 105m，根据现场勘探及室内土工试验成果等，将勘探深度（最大 105m）范围内的土层划分为人工堆积层、新近沉积层及第四纪沉积层三大类，并根据各土层岩性及工程性质指标进一步划分 14 个大层及亚层。

#### 3. 设计要求

本工程铁路核心区采用逆作法施工，核心区钢柱均采用钢管混凝土柱，钢管柱与混凝土灌注桩采用一柱一桩构造，柱底采用锥头插入桩内，钢管柱安装采用 HPE 液压垂直插入工艺，一桩一柱钢管柱共计 1100 根。钢柱在大底板顶面处设置第一道环板，在其余楼层处设置环板和钢牛腿与混凝土梁及梁内钢筋连接。钢管柱规格分别为 D1000×40、D1200×40、D1400×40、D1200×50、D1300×50、D1400×50、D1400×60、D1600×60，最大柱重量达 90t。钢管结构柱平面位置偏差≤5mm，安装标高控制偏差≤5mm，垂直度控制偏差≤1/1000，方位角控制偏差≤5mm。

#### 4. 施工方案选择

本项目进场后，对钢管柱施工方案进行了多方多次认证，并召开专家会研讨，经反复对各种方案的可靠性进行了讨论，最终采用钢管柱高精度液压垂直插入施工技术（HPE 工法）。

#### 5. 施工情况

（1）施工概况

项目于 2020 年 11 月开工，施工范围在东六环西侧路—芙蓉东路之间场地内，采用放坡开挖至原地面下约 6m 范围内施工。钢管柱由专业厂家工厂化制作、现场钢平台专业拼接，钢管柱定位采用 HPE 液压垂直插入机安装定位，并通过智能垂直纠偏系统，结合地面经纬仪，每根钢管柱的垂直度均达到 1/1000 要求。

项目施工现场见图 3.1-4。

图 3.1-4　北京城市副中心站交通枢纽工程施工现场

（2）工程验收

本项目 2 标桩基工程于 2021 年 4 月完工，经超声波检测和基坑开挖验证，各项指标满足设计和规范要求，达到良好效果。完工后钢管柱开挖现场见图 3.1-5。

图 3.1-5　钢管结构柱开挖后实景

### 3.1.3　工艺特点

**1. 施工高效**

HPE 工艺施工钢管柱，单根钢管柱安装周期短，平均完成单根钢管柱安装时间 15h，施工流程简单、速度快，大大节省施工工期。

**2. 安全可靠**

HPE 施工工艺完全机械化作业，避免常规永久性钢管柱安装人工下入地下桩孔破除混凝土的危险施工作业，保障施工安全。

**3. 定位精准**

HPE 液压垂直插入机将钢管柱插至混凝土顶面后，通过智能垂直纠偏控制系统，结合地面经纬仪复测钢管柱的垂直度，施工实施全过程监测，保证插入钢管柱的垂直度符合要求，钢管柱定位精准，确保施工质量。

**4. 节能降耗**

HPE 液压垂直插入钢管柱工法一次性实现桩与柱连接成型，节约施工原材料，无需埋设护壁长钢护筒，不用人工下入桩孔破除混凝土埋设定位器等，降低施工成本。

**5. 钢管柱内混凝土干作业灌注**

钢管柱安装采用封底插入，柱内无水及泥浆，确保柱内混凝土浇筑的同时，防止柱内壁锈蚀而影响柱壁与钢管柱的紧密结合。

### 3.1.4　适用范围

适用于地下工程逆作法施工的钢管柱定位施工，适用于明挖施工中的永久性钢立柱及浅埋暗挖法 PBA 或洞桩法施中地下结构钢管柱的施工。

适用于深度不超过 60m 的钢管柱下插，钢管柱重量不大于 100t。

适用于不同形状的柱截面，包括圆形、方形或多边形（图 3.1-6、图 3.1-7），圆形直径范围 φ300～2500mm。

图 3.1-6　圆形钢管柱　　　　　　图 3.1-7　方形钢混凝土柱

### 3.1.5　工艺原理

HPE 液压垂直插入钢管柱施工工艺根据两点定位的原理，采用两个液压定位器，在灌注桩桩身混凝土初凝前，通过吊放钢管柱、HPE 液压垂直插入机抱紧钢管柱、复测垂直度、液压垂直插入钢管柱等工序步骤，在电脑管理系统的监控下，将钢管柱插入灌注桩桩顶混凝土中。该工艺在灌注桩混凝土灌注完成后，一次性将钢管柱垂直插入到混凝土中，垂直度偏差能控制在 1/500～1/1200 范围内，施工速度快、定位工效高，降低了施工成本和施工安全风险。HPE 液压垂直插入机见图 3.1-8。

### 3.1.6　施工工艺流程

HPE 工法钢管柱安装施工工艺流程见图 3.1-9，

图 3.1-8　HPE 液压垂直插入机

施工操作流程见图 3.1-10～图 3.1-12。

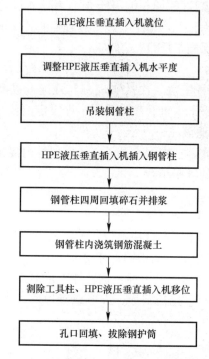

图 3.1-9　HPE 工法钢管柱安装施工工艺流程图

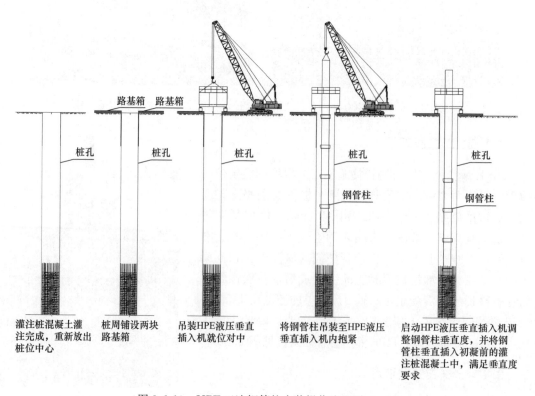

图 3.1-10　HPE 工法钢管柱安装操作流程图（一）

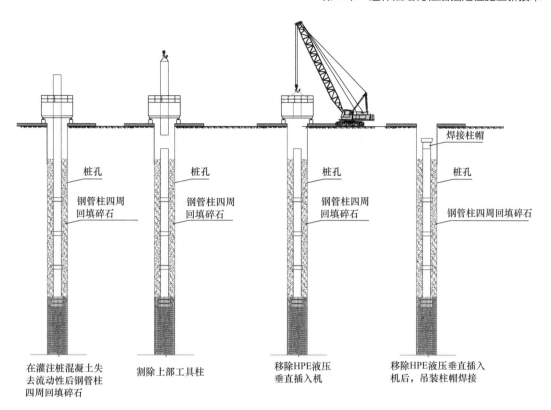

图 3.1-11　HPE 工法钢管柱安装操作流程图（二）

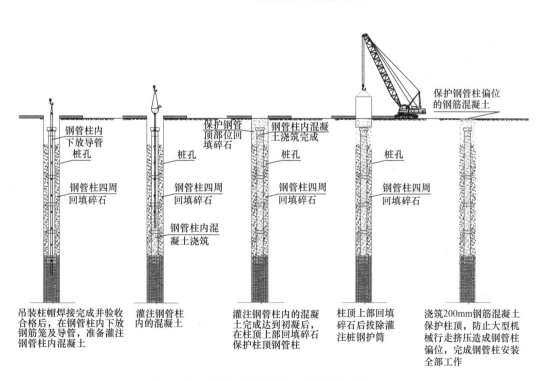

图 3.1-12　HPE 工法钢管柱安装操作流程图（三）

### 3.1.7 工序操作要点

#### 1. HPE 液压垂直插入机就位

（1）灌注桩混凝土灌注至顶标高后（以取样石子含量为标准），重新放出桩位中心，并将十字线标记在护筒上，具体见图 3.1-13。

图 3.1-13 拉十字线标记在护筒上

（2）复核桩位后，将 HPE 液压插入机械的定位器中心与桩位中心放在同一垂直线上，然后吊装 HPE 液压垂直插入机就位。

#### 2. 调整 HPE 液压垂直插入机水平度

（1）吊装 HPE 液压垂直插入机就位，HPE 液压垂直插入机根据定位器就位对中，具体见图 3.1-14。

（2）调整 HPE 液压垂直插入机的液压定位器中心位置，保持与灌注桩桩位中心在同一垂直线上。

#### 3. 吊装钢管柱

（1）钢管柱在现场采用对接平台对接，常规钢管柱在地面以下，插入钢管柱时在钢管柱上部焊接一个工具柱将钢管柱送至设计标高；钢管柱对接后按要求堆放，具体见图 3.1-15。

图 3.1-14 HPE 液压垂直插入机就位对中　　　图 3.1-15 钢管柱现场堆放

（2）为保证吊装时不产生变形、弯曲，钢管柱采用两台吊车多点抬吊，具体见图 3.1-16。

图 3.1-16 两台吊车吊装钢管柱

#### 4. HPE 液压垂直插入机插入钢管柱

（1）将钢管柱垂直缓慢放入 HPE 液压垂直插入机内。

（2）根据自重下入孔内一定深度后，由 HPE 液压垂直插入机抱紧钢管柱并复测钢管柱垂直度，并通过智能垂直纠偏控制系统，结合经纬仪双向监测钢管柱垂直插入精度。

（3）由于钢管柱底端封闭，当浮力大于钢管柱重量后，由 HPE 液压垂直插入机将钢管抱紧，由液压插入装置的液压下压力将钢管柱下压插入孔内，当插至混凝土顶面后，重新复测钢管垂直度，满足垂直度要求后继续下压插入至混凝土中。具体见图 3.1-17。

图 3.1-17　钢管柱吊放至 HPE 液压垂直插入机内

#### 5. 钢管柱四周回填碎石并排浆

（1）当灌注桩混凝土达到初凝状态后，用碎石填充钢管柱四周至柱顶，填充时需四周均匀填入，防止单侧填入过多造成钢管柱偏位，边回填边将孔内泥浆排除。

（2）碎石回填高度在永久性钢管顶标高以下 200mm，上部等工具柱拆除后回填，见图 3.1-18。

#### 6. 钢管柱内浇筑钢筋混凝土

（1）钢管柱四周回填碎石、排浆完成后，即进行钢管柱内下放钢筋笼、浇筑混凝土。

（2）此时需由 HPE 液压垂直插入机抱紧钢管柱，防止钢管柱灌注混凝土后下沉。

（3）钢管柱内的混凝土采用微膨胀混凝土浇筑。

（4）为便于割除工具柱，钢管柱内的混凝土不宜灌注过高，至钢管柱顶标高以下 200～300mm 即停止灌注，灌注示意见图 3.1-19。

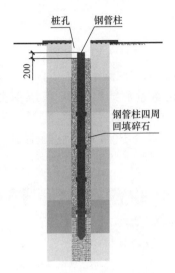
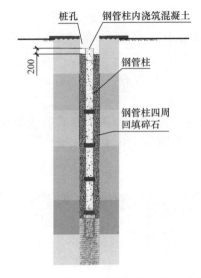

图 3.1-18　回填碎石示意图　　　　图 3.1-19　钢管柱内浇筑钢筋混凝土示意图

**7. 割除工具柱、HPE 液压垂直插入机移位**

（1）当钢管柱内混凝土灌注后，四周回填碎石已固定永久性钢管柱中心位置，即可割除上部工具柱，具体见图 3.1-20。

（2）拆除永久性钢管柱与工具柱连接部位后，再用吊车将 HPE 垂直插入机移位即可。

**8. 孔口回填、拔除钢护筒**

（1）液压垂直插入机移位后，用碎石将上部孔口回填至地面以下 300mm，并将钢护筒拔除。

（2）在孔口浇筑 300mm 厚钢筋混凝土保护下部钢管柱，钢管柱顶保护示意见图 3.1-21。

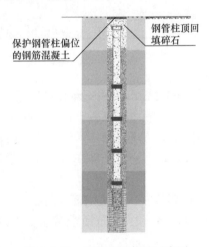

图 3.1-20　HPE 插入钢管柱后拆除工具柱　　　　图 3.1-21　钢管柱顶保护示意图

## 3.1.8　材料和设备

### 1. 材料

本工艺所使用的材料主要有钢筋、钢管、混凝土、碎石等。

## 2. 设备

本工艺现场施工的主要机械设备按单机配置见表 3.1-1。

主要机械设备配置表

表 3.1-1

| 机械、设备名称 | 型号 | 数量 | 功用 |
|---|---|---|---|
| HPE 液压垂直插入机 | 1500～2000 | 1 台 | 钢管柱安装 |
| 起重机 | 80～200t | 2 台 | 钢管柱吊放 |
| 挖掘机 | PC220 | 1 台 | 场地平整 |
| 电焊机 | NBC-270 | 2 台 | 工具柱焊接 |
| 泥浆泵 | 7.5kW | 2 台 | 抽排泥浆 |

### 3.1.9 质量控制

#### 1. 钢管柱底部灌注桩

（1）当灌注桩为端承桩时，钻进成孔时配置优质泥浆护壁，同时选择反循环二次清孔，确保桩底沉渣不超过 50mm。

（2）灌注桩钢筋笼吊装采用多点起吊，防止钢筋笼变形；下放过程中，对准钻孔的中心线，安放完成后复测钢筋笼顶标高。

（3）灌注底部桩身混凝土时，使用缓凝混凝土，缓凝时间综合考虑混凝土运送期间的路面交通情况、灌注时间、HPE 垂直插入机就位时间、钢管柱吊装和插入时间等。

（4）灌注混凝土至桩顶标高后，采用孔内取样的方法确保孔内桩顶混凝土质量。

#### 2. HPE 垂直插入机定位、安插

（1）HPE 垂直插入机在工作过程中整体重量较大，需保证场地平整、土体承载力满足施工要求。

（2）复核桩位后标记好孔口钢护筒中心，在垂直插入机吊装时通过定位器对垂直插入机进行定位。

（3）因钢管柱（包含工具柱）较长，为保证吊装时不产生变形弯曲，施工时采用两台吊机将钢管柱垂直缓慢插入 HPE 垂直插入机上。

（4）在钢管柱受到的浮力大于其重力后，采用液压压入，在钢管柱到达灌注桩混凝土表面时复测钢管柱垂直度，通过调整 HPE 垂直插入机的水平姿态至钢管柱垂直度满足要求，通过液压系统将其缓慢压入灌注桩缓凝混凝土中至指定标高。

（5）钢管柱安装完成后，在钢管柱周围回填时保持沿钢管柱四周均匀，防止不均匀回填导致钢管柱侧向倾斜。

#### 3. 钢管柱内混凝土浇筑

（1）钢管柱内混凝土在底部灌注桩达到设计强度后进行浇筑。

（2）钢管内混凝土采用微膨胀混凝土。

### 3.1.10 安全措施

**1. 吊装作业**

（1）HPE 液压垂直插入钢管柱施工时，吊装钢管柱由专业司索工指挥，注意按指挥的信号操作，信号不明时严禁盲目操作。

（2）钢管柱双机抬吊，缓慢操作。

**2. 设备安全**

（1）HPE 液压垂直插入机操作员根据操作盘和控制盘上数据正确操作，出现异常情况必须作紧急安全处理，并及时向管理人员汇报。

（2）设备使用前，对其各方面性能进行全面检查，确保无设备安全隐患。

# 3.2 逆作法大直径钢管柱"三线一角"综合定位施工技术

## 3.2.1 引言

当地下结构采用逆作法施工时，常规采用工程桩插入格构柱或钢管结构柱等形成顶撑结构，后期利用所插入的格构柱或钢管结构柱与主体结构结合形成永久性结构。随着我国科技水平及建筑施工技术的不断发展，越来越多的建筑项目采用逆作法组织施工，其中基础工程桩与钢管结构柱结合，形成永久性结构为常见形式之一。钢管结构柱施工时，其中心线、垂直线、水平线、方位角的准确定位具有较大的难度，是逆作法钢管结构柱施工中的关键技术控制指标。

2020 年 6 月，罗湖区翠竹街道木头龙小区更新单元项目基础工程开工。本工程拟建13 栋高层、超高层塔楼，采用顺作法与逆作法结合施工。基础设计采用大直径旋挖灌注桩，最大设计直径 2800mm，地下室基础部分永久性结构柱采用钢管结构柱形式。该工程钢管结构柱设计采用后插法施工工艺，钢管结构柱最大直径为 1900mm、最大长度为26.85m。该工程逆作区设计对钢管结构柱安装的平面位置、标高、垂直度、方位角的偏差控制要求极高，整体施工难度大。

目前，对于逆作法施工中钢管结构柱后插法施工工艺，常采用定位环板法施工，其主要方法是以孔口安放的深长钢护筒为参照，用安放的钢管结构柱上分段设置的多层定位钢结构环板实施定位。采用该方法定位时，预先按设计精度要求埋设超长的孔口护筒，并在钢管结构柱柱身上根据设计精度要求焊接安装预定直径的定位环板，钢管结构柱安装由定位环板与护筒内壁控制钢管结构柱的垂直度及平面位置偏差，并逐步下压至设计柱顶标高（定位环板定位具体见图 3.2-1）。常规理解，当孔口超长护筒满足精度要求，只要带有定位环板的钢管结构柱能下入至设计位置，就表明钢管结构柱的安装满足设计精度要求；但由于受护筒安

图 3.2-1　钢管结构柱定位环板安放

放过程的偏差影响，往往超长的钢护筒会出现一定程度的垂直度偏差，使钢管结构柱出现一定程度的倾斜，严重者可出现定位环板卡位、柱底抵住钢筋笼或桩孔侧壁无法安放到位，对施工进度及结构实体质量造成较大的影响。

针对上述情况，项目组提出逆作法大直径钢管结构柱全回转"三线一角"综合定位技术，确保钢管结构柱安插中心线、垂直线、水平线及方位角的精确定位施工。该方法在灌注桩成桩后，通过对孔口护筒和定位平衡板分别设置十字交叉线，根据"双层双向定位"原理对定位平衡板进行定位，进而保证全回转钻机就位精度；在全回转抱插钢管结构柱下放过程中，利用全站仪、激光铅垂线、测斜仪全方位实时监控钢柱垂直度；在钢管结构柱下放过程中持续加水，利用全回转钻机抱住工具节抱箍向下的下压力、钢管结构柱自重及注水重力，克服大直径钢管结构柱下插时泥浆及混凝土对钢管结构柱的上浮阻力，确保钢管结构柱安放至指定标高，保证水平线位置准确；在工具柱顶部设置方位角定位标线，对齐钢管结构柱梁柱节点腹板，并根据钢结构深化设计图纸、构造模型等设置方位角控制点，在钢管结构柱中心与控制点之间设置校核点，使中心点、定位点、校核点、控制点形成四点一线，从而保证钢柱方位角与设计一致，确保后续钢管结构柱间结构钢梁的精准安装。

### 3.2.2 工程实例

#### 1. 工程概况

深圳罗湖区翠竹街道木头龙小区更新单元项目占地面积 5.69 万 $m^2$，项目同期建设 13 栋 80～200m 的塔楼，包含住宅、公寓、保障房、商业、音乐厅等；7～12 号楼为回迁房，业主合同要求需要在 38 个月内交付，工期非常紧。经过与业主和设计单位反复研讨，为满足工期和成本要求，项目最终采用中顺边逆的作法（中心岛区域顺作施工，周边逆作施工）进行地下室施工。

项目基础地下室部分逆作区面积约 3.25 万 $m^2$，地下 4 层，基坑开挖深度约 19.75～26.60m。基础设计为"灌注桩＋钢管结构柱"形式，基坑底以下为大直径旋挖灌注桩，地下室及上部结构转换层以下部分采用钢管结构柱形式，该工程逆作区地下室采用钢结构结合楼层板施工，并利用钢管结构柱与地下室结构梁板、地下连续墙结合形成环形内支撑结构体系。

#### 2. 地层分布

本项目场地自上而下主要地层包括：

（1）素填土：厚度 0.30～5.10m，平均厚度 2.00m；主要由黏性土及砂质成分组成，含少量建筑垃圾，局部钻孔开孔见 10～30cm 厚混凝土层，顶部夹填石、块石，直径可达 30～40cm，含量占 20%～40%。

（2）杂填土：厚度 0.50～6.50m，平均厚度 2.37m，主要由混凝土块、砖渣组成。

（3）泥炭质黏土：厚度 0.3～5.0m，平均厚度 1.45m，主要由泥炭及炭化木组成，底层含砂。

（4）含砂黏土：厚度 0.60～8.70m，平均厚度 2.82m，局部夹有少量粉细砂。

（5）粉砂：厚度 0.30～7.50m，平均厚度 2.69m，局部夹有少量有机质或中砂团块。

（6）含黏性土中粗砂：厚度 0.50～6.00m，平均厚度 2.66m，局部夹有少量石英质卵石或砾砂。

（7）砂质黏性土：厚度 0.70～23.20m，平均厚度 7.06m。

（8）全风化混合岩：褐黄、灰褐色，厚度 0.40～16.60m，平均厚度 5.60m。

(9) 强风化混合岩（土状）：厚度 3.50～23.90m，平均厚度 10.18m。

(10) 强风化混合岩（块状）：厚度 0.10～35.40m，平均厚度 5.11m。

(11) 中风化混合岩：厚度 0.20～13.27m，平均厚度 3.27m。

(12) 微风化混合岩：揭露平均厚度 3.07m。

根据钻探资料和剖面图分析，由于灌注桩为大直径、超深孔钻进，为防止上部填土、含砂黏土、粉砂、中粗砂、砾砂的垮孔，确定灌注桩成孔时孔口下入 11.5m 钢护筒护壁。

**3. 设计要求**

本项目基坑开挖逆作区设计工程桩 632 根，最大桩径 2800mm、最大孔深 73.5m，桩端进入微风化岩 500mm。钢管结构柱设计采用后插法工艺，插入灌注桩顶以下 4D（D 为钢管结构柱直径或最大边长）；钢管结构柱直径最大 1900mm、最长 26.85m、最大质量 61.78t。钢管结构柱平面位置偏差≤5mm、安装标高控制偏差≤5mm、垂直度控制偏差≤1/1000、方位角控制偏差≤5mm。

**4. 施工方案选择**

本项目进场后，对结构柱定位施工方案进行了多方多次认证，并召开专家会研讨，经反复对各种方案的可靠性进行了讨论，最终采用如下施工方案：

(1) 孔口安放深长护筒护壁；

(2) 采用大扭矩旋挖钻机成孔，气举反循环二次清孔；

(3) 钢管结构柱采用全回转钻机定位。

**5. 施工情况**

(1) 施工概况

本项目于 2020 年 6 月开工，采用宝峨 BG46 和 SR485、SR445 大扭矩旋挖钻机施工，使用泥浆净化器处理泥浆；孔口护筒采用单夹持振动沉入或多功能钻机回转安放；钻孔终孔后，采用空压机气举反循环二次清孔；钢管柱采用厂家定制、现场专业拼接，定位采用 JAR260 型全回转钻机；施工过程中，采用旋挖硬岩分级扩孔、钢筋笼与声测管同步安装、钢管结构柱内灌水增加自重定位、钢管结构柱内装配式平台灌注混凝土等多项专利技术，有效实施对钢管结构桩的"三线一角"（中心线、垂直线、水平线、方位角）的控制。

项目施工现场旋挖成孔见图 3.2-2，全回转钻机安放钢管结构柱见图 3.2-3，施工现场全景照片见图 3.2-4。

图 3.2-2　旋挖钻机成孔　　　　图 3.2-3　全回转钻机钢管结构柱定位

图 3.2-4　灌注桩及全回转钻机钢管结构柱定位施工现场

（2）工程验收

本项目桩基工程于 2021 年 3 月完工，经界面抽芯、声测及开挖验证，各项指标满足设计和规范要求，达到良好效果。钢管结构柱开挖后现场见图 3.2-5～图 3.2-7。

图 3.2-5　基坑开挖后钢管结构柱

图 3.2-6　基坑逆作法开挖后的钢管结构柱

图 3.2-7　基坑中顺边逆开挖

### 3.2.3 工艺特点

#### 1. 定位精度高

本工艺根据"三线一角"定位原理，在钢管结构柱施工过程中，制订对中心线、垂直线、水平线以及方位角的全方位综合定位措施，采用德国进口宝峨 BG46 旋挖机钻进成孔、全回转钻机高精度下插定位，并采取全站仪、激光铅垂仪、测斜仪综合监控，使钢管结构柱施工完全满足高精度要求，保证了钢管结构柱的施工质量。

#### 2. 综合施工效率高

钢管结构柱与工具柱在工厂内预制加工并提前运至现场，由具有钢结构资质的专业单位采用专用对接平台进行对接，提升了作业效率；桩孔采用大扭矩旋挖机钻进，对深长孔的施工效率提升显著；采用全回转钻机后插法定位，多技术手段监控，精度调节精准、快捷，综合施工效率高。

#### 3. 绿色环保

旋挖机成孔产生的渣土放置在专用的储渣箱内，施工过程中泥头车配合及时清运，有效避免了渣土堆放影响安全文明施工形象；现场使用的泥浆采用大容量环保型泥浆箱储存、调制、循环泥浆，并采用泥浆净化器对进入泥浆循环系统的槽段内及桩基二次清孔泥浆进行净化，提高泥浆利用率，减少泥浆排放量，进而保证现场施工环境的整洁。

### 3.2.4 适用范围

适用于基坑逆作法钢管结构柱直径≤1.9m 后插法定位施工。

### 3.2.5 工艺原理

本工艺针对逆作法大直径钢管结构柱施工定位技术进行研究，通过"三线一角"（中心线、垂直线、水平线、方位角）综合定位技术，使钢管结构柱施工精准定位，安插精度满足设计要求。

#### 1. 中心线定位原理

中心线即中心点，其定位贯穿钢管结构柱安插施工的全过程，包括钻孔前桩中心点放样、孔口护筒中心定位、全回转钻机中心点和钢管结构柱下插就位后的中心点定位。

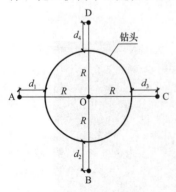

图 3.2-8 旋挖钻孔定位
十字交叉线

（1）桩中心点定位

桩基测量定位由专业测量工程师负责，利用全站仪进行测量，桩位中心点处用红漆做出三角标志，并用钢筋支架做好护桩。

（2）旋挖机钻孔中心线定位

旋挖机根据桩定位中心点标识进行定位施工，根据"十字交叉法"原理，钻孔前从桩中心位置引出 4 个等距离的定点位，并用钢筋支架做好标记；旋挖机钻头就位后用卷尺测量旋挖机钻头外侧 4 个方向点位的距离，使 $d_1 = d_2 = d_3 = d_4$（图 3.2-8、图 3.2-9），保证钻头就位的准确性；确认无误后，旋挖机下钻先行引孔，以便后继安放孔口护筒。

（3）孔口护筒安放定位

孔口护筒定位采用旋挖钻孔至一定深度后，使用振动锤下护筒；振动锤沉入护筒中心定位，同样根据"十字交叉法"原理，利用旋挖钻头定位时设置的桩外侧至桩中心点 4 个等距离点位；在振动锤下护筒时，采用两个互为垂直方向吊垂线控制护筒垂直度，并用卷尺实时测量 4 个点位至护筒外壁的距离，使护筒中心线与桩中心线保持重合。当护筒下至指定高度后，复测护筒标高以及中心线位置。振动锤下护筒中心线定位见图 3.2-10。

图 3.2-9　旋挖钻孔中心线定位　　　　　图 3.2-10　护筒中心线定位

（4）全回转钻机中心定位

在安插钢管结构柱前，需对全回转钻机中心线进行精确定位，以保证钢管结构柱中心线的施工精度。

定位平衡板作为全回转钻机配套的支撑定位平台，根据全回转钻机 4 个油缸支腿的位置和尺寸，设置 4 个相应位置和尺寸的限位圆弧，当全回转钻机在定位平衡板上就位后，两者即可满足同心状态，全回转钻机油缸支腿和定位平衡板限位圆弧见图 3.2-11。

图 3.2-11　全回转钻机油缸支腿和定位平衡板限位圆弧对应就位

本工艺采用"双层双向定位"技术，进行全回转钻机相关组件的定位偏差控制，即：孔口护筒设置"十字交叉线"引出桩位中心点，定位平衡板上再设置一层"十字交叉线"引出定位平衡板中心点，并在定位平衡板中心点引出一条铅垂线。定位平衡板吊放至护筒

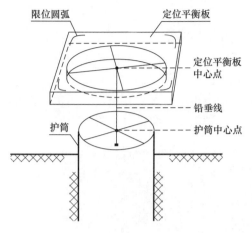

图 3.2-12 "双层双向定位"原理示意图

后，将定位平衡板中心点引出的铅垂线对齐护筒中心点，使定位平衡板的中心线与桩中心线重合。

定位平衡板定位后，将全回转钻机吊运至定位平衡板，微调全回转钻机油缸支腿进行调平就位后，即可保证全回转钻机中心线精度。"双层双向定位"技术原理和现场操作见图 3.2-12、图 3.2-13。

**2. 垂直线定位原理**

垂直线是指钢管结构柱的垂直度，其定位精度控制包括以下两方面：

（1）钢管结构柱与工具柱对接垂直度控制

钢管结构柱之间、钢管结构柱与工具柱对接的垂直度控制，是保证钢管结构柱安插施工垂直度精度的前提。本钢管结构柱和工具柱委托具备钢结构制作资质的专业单位承担制作，运至施工现场后，由具备钢结构施工资质的单位在专用对接平台上进行现场对接，以保证柱间对接后的中心线重合，整体垂直度满足要求。

图 3.2-13 护筒与全回转钻机"双层双向定位"操作现场

（2）钢管结构柱安插施工垂直度控制

钢管结构柱安插垂直度是基坑逆作法钢管结构柱施工的一个重要指标，在全回转钻机夹紧装置抱插钢管结构柱下放过程中，利用全站仪、激光铅垂仪、铅垂线以及测倾仪等多种方法，全过程、全方位实时监控钢管结构柱垂直度指标。全站仪和铅垂线分别架设在与钢管结构柱相互垂直的两侧方向，对工具柱进行双向垂直度监控；测倾仪的传感器设置在工具柱顶部，实时监测钢管结构柱垂直度。当钢管结构柱下插过程中产生垂直度偏差时，可对全回转钻机 4 个独立的油缸支腿高度进行调节，从而校正钢管结构柱的垂直度偏差。全站仪监控柱身垂直度原理见图 3.2-14。

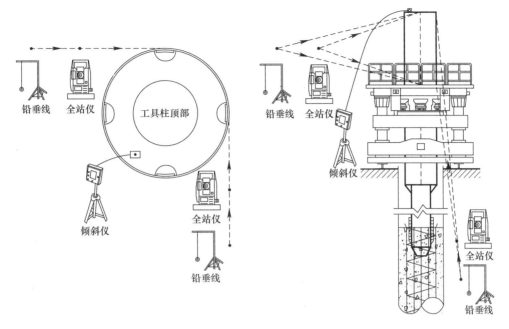

图 3.2-14　钢管结构柱下放垂直度监测原理图

### 3. 水平线定位原理

水平线即指钢管结构柱定位后的设计标高，由于钢管结构柱直径大，其下插过程受到灌注桩顶混凝土的阻力和柱内泥浆的浮力，其稳定控制必须满足下插力与上浮阻力的平衡。

（1）钢管结构柱边注水边下插标高控制

钢管结构柱安装起重吊装前，首先进行钢管结构柱浮力计算，确定是否需要注水增加柱体的重量，用以抵抗泥浆流体上浮力，以及混凝土对钢柱下插产生的贯入阻力。本工艺所安装的钢管结构柱直径为 1900mm，属于大直径钢管结构柱，结构上其底部为密闭设计，其下插时浮力大。经过模拟下插模型的浮力计算分析，安插钢管结构柱的时间需要在柱内加注清水，配合钢管结构柱、工具柱自重以及全回转钻机夹紧装置下插力，以克服钢管结构柱下插时所产生的浮力，将钢管结构柱下插到设计水平线标高。

（2）钢管结构柱水平线复测

钢管结构柱定位后的水平线位置，通过测设工具柱顶标高确定。钢管结构柱下插到位后，现场对其顶标高进行测控。在工具柱顶部平面端选取 ABCD 四个对称点位分别架设棱镜，通过施工现场高程控制网的两个校核点，采用全站仪对其进行标高测设并相互校核，水平线标高误差控制在±5mm 以内。工具柱柱顶部标高测设见图 3.2-15。

### 4. 方位角定位原理

（1）钢管结构桩方位角定位重要性

基坑逆作法施工中，先行施工的地下连续墙以及中间支承钢管结构柱，与自上而下逐层浇筑的地下室梁板结构通过一定的连接构成一个整体，共同承担结构自重和各种施工荷载。在钢管结构柱安装时，需要预先对钢管结构柱腹板方向进行定位，即方位角或设计轴线位置定位，使基坑开挖后地下室底板钢梁可以精准对接。因此，方位角的准确定位对于钢管结构柱施工是极其重要一环。地下室底板柱间腹板节点与钢梁连接见图 3.2-16。

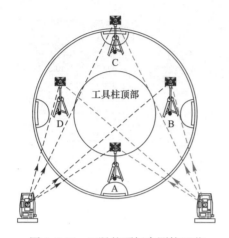

图 3.2-15  工具柱顶标高测控工艺原理示意图

图 3.2-16  基坑开挖后钢管结构柱腹板节点与钢梁对接

（2）方位角定位线设置

钢管结构柱和工具柱对接完成后，在工具柱上端设置方位角定位线，使其对准钢管结构柱腹板，见图 3.2-17。

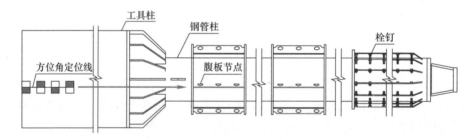

图 3.2-17  方位角定位线与钢管结构柱腹板对齐

（3）方位角定位操作

本工艺根据"四点一线"原理对方位角进行定位：

A 点为工具柱中心点，即钢管结构柱中心点，用棱镜标记；B 点为方位角标示线位置，其标注于工具柱上；C 点和 D 点位于设计图纸上两桩中点连线，即钢梁安装位置线上，D 点设全站仪用于定位方位角，C 点设棱镜用于校核。

当钢管结构柱安插至设计标高后，方位角会存在一定的偏差。此时，首先将 D 点处全站仪对准校核点 C 处的棱镜，定出钢梁安装位置线；其次，将全站仪目镜上移至工具柱中心点 A 处棱镜，校核钢管结构柱中心点位置，确保 A、C、D 三点处于同一直线上；再次，将全站仪目镜调至工具柱顶部，通过全回转钻机夹紧装置旋转工具柱，使得 A、B、C、D 四点共线，即方位角定位线位于钢梁安装位置线上；最后，再利用全站仪复核 A 点和 C 点，完成钢管结构柱方位角定位。钢管结构柱方位角定位见图 3.2-18。

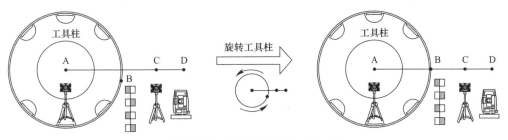

图 3.2-18　钢管结构柱方位角定位

## 3.2.6　施工工艺流程

逆作法大直径钢管结构柱全回转"三线一角"综合定位施工工艺流程见图 3.2-19。

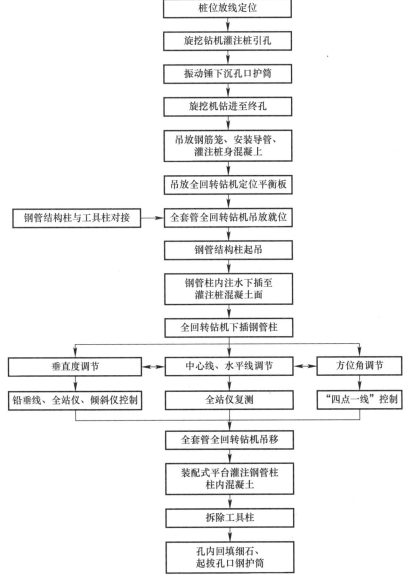

图 3.2-19　逆作法大直径钢管结构柱全回转"三线一角"施工工艺流程图

### 3.2.7 工序操作要点

以深圳罗湖区翠竹街道木头龙小区更新单元项目基础工程最大桩径 2800mm、最大孔深 73.5m，钢管结构柱直径最大 1900mm、最长 26.85m 为例。

**1. 桩位放线定位**

（1）旋挖机、全回转设备等均为大型机械设备，对场地要求高，钻机进场前首先对场地进行平整、硬地化处理；合理布置施工现场，清理场地内影响施工的障碍物，保证机械有足够的操作空间。

（2）利用全站仪定位桩中心点位，确保桩位准确。

（3）以"十字交叉法"引至四周用钢筋支架做好护桩，桩位中心点处用红漆做出三角标志，见图 3.2-20。

**2. 旋挖钻机灌注桩引孔**

（1）由于灌注桩钻进孔口安放深长护筒，为便于顺利下入护筒，先采用旋挖钻机引孔钻进，孔深以不发生孔口垮塌为前提。

（2）根据场地勘察孔资料，上层分布混凝土块和填石，旋挖开孔遇混凝土硬块时，则采用牙轮钻头钻穿硬块；进入土层则改换旋挖钻斗，以加快取土钻进速度；开孔时，根据引出的孔位十字交叉线，准确量测旋挖机钻头外侧 4 个方向点位的距离，保证钻头就位的准确性。现场开孔前测量旋挖钻头中心点位见图 3.2-21，旋挖钻机现场开孔钻进过程见图 3.2-22，土层旋挖钻斗钻进见图 3.2-23。

图 3.2-20 现场桩位放线定位　　　　图 3.2-21 旋挖钻头开孔前测量孔位

图 3.2-22 旋挖钻机开孔钻进

（3）旋挖钻进施工时采用泥浆护壁，在钻孔前先制备护壁泥浆。泥浆现场配制采用大容量泥浆箱储存、调制、循环泥浆，并采用泥浆净化器对进入泥浆循环系统的泥浆进行净化。现场泥浆净化器见图 3.2-24，泥浆箱配置见图 3.2-25。

图 3.2-23　土层段旋挖钻斗取土钻进

图 3.2-24　泥浆净化器　　　　　　　图 3.2-25　现场泥浆存储箱

**3. 振动锤下沉孔口护筒**

（1）本项目选用直径 2.8m、长度 11.5m、壁厚 50mm 的钢护筒，护筒由专业钢构厂加工制作，现场沉入的钢护筒见图 3.2-26。振动锤采用单夹持 DZ-500 型振动锤，激振力为 500kN，振动锤具体见图 3.2-27。

图 3.2-26　现场使用的孔口钢护筒

（2）旋挖钻机引孔钻进至 9～10m 后，采用吊车将钢护筒吊放入引孔内并扶正，再采用振动锤下沉护筒，在振动锤的激振力与护筒重力作用下，将护筒插入隔水土层中，直至护筒口高出地面 30～50cm。钢护筒吊放入旋挖引孔内情况见图 3.2-28，振动锤沉放钢护筒具体见图 3.2-29。

（3）钢护筒沉放过程中，如出现沉放不均匀时，可采用旋挖钻机钻杆辅助振动锤下沉安放，具体见图 3.2-30。

图 3.2-27　DZ-500 型单夹持振动锤　　　　图 3.2-28　钢护筒吊放入旋挖引孔内并扶正

图 3.2-29　振动锤沉放钢护筒过程　　　　　　图 3.2-30　旋挖钻辅
助振动锤沉放钢护筒

（4）钢护筒沉放过程中，实时监控护筒垂直度和平面位置，位置偏差不得大于20mm，具体见图 3.2-31；钢护筒安放到位后，采用测量仪复核护筒中心点位置，确保安放满足要求，见图 3.2-32。

图 3.2-31　护筒沉放时平面位置监控　　　　图 3.2-32　护筒中心点复核

**4. 旋挖机钻进至终孔**

（1）护筒安放复核确认后，将旋挖钻机就位开始钻进；钻进时，确保桩孔中心位置、钻机底座的水平度和钻机桅杆导轨的垂直度偏差小于1‰。

（2）采用宝峨 BG46 旋挖机进行钻进成孔，钻进过程配合泥浆护壁。旋挖成孔钻进见图 3.2-33、图 3.2-34。

图 3.2-33　旋挖钻斗钻进　　　　　图 3.2-34　旋挖钻进成孔

（3）对于桩端入中、微风化岩，则采用旋挖钻筒分级扩孔、钻斗捞渣工艺进行钻进施工。

（4）在钻进到设计深度时，立即进行一次清孔，采用捞渣钻头捞渣法，进行一次或多次捞渣。

（5）清孔完成后，对钻孔进行终孔验收，包括孔径、孔深、垂直度、持力层等。

**5. 吊放钢筋笼、安装导管、灌注桩身混凝土**

（1）钢筋笼按设计图纸在现场加工场制作，主筋采用丝扣连接，箍筋采用滚笼机进行加工，箍筋与主筋间采用人工点焊，钢筋笼制作完成后进行质量验收，钢筋笼制作及现场验收见图 3.2-35；钢筋笼采用吊车吊放，吊装时对准孔位，吊直扶稳，缓慢下放。鉴于基坑开挖较深，灌注桩设置有 4 根声测管，为便于空孔段声测管安装，现场采用专门设置的笼架吊装定位技术，一次性将声测管进行吊装和连接，具体见图 3.2-36。

图 3.2-35　钢筋笼现场制作及验收　　　图 3.2-36　钢筋笼及声测管笼架吊装下放

（2）本项目为大直径桩，采用直径 300mm 导管灌注桩身混凝土；导管安放完毕后，进行二次清孔；清孔采用气举反循环工艺，循环泥浆经净化器分离处理。灌注导管安装见图 3.2-37，二次清孔见图 3.2-38。

图 3.2-37　灌注导管安装　　　　　图 3.2-38　气举反循环二次清孔

（3）二次清孔完成后，在 30min 内灌注桩身混凝土；初灌根据桩径大小分别采用 3.0～6.0m³ 灌注斗，在料斗盖板下安放隔水球胆，在混凝土即将装满料斗时提拉盖板，料斗内混凝土灌入孔内，此时混凝土罐车及时向料斗内补充混凝土；灌注时，及时拆卸导管，确保导管埋管深度 2～6m；灌注时，桩顶超灌高度 0.8m。由于灌注桩身混凝土后，需进行钢管结构柱安插，为此桩身混凝土采用 24h 超缓凝设计。以保证钢管结构柱在安插时有足够的时间进行柱位调节。现场单桩混凝土灌注时间控制在 4～6h 左右，现场混凝土灌注见图 3.2-39。

图 3.2-39　桩身混凝土灌注

### 6. 吊放全回转钻机定位平衡板

（1）混凝土灌注完成后，立即吊放定位平衡板。

（2）吊放平衡板前，根据十字交叉法原理，引出桩位中心点，并进行复测；同时，引出定位平衡板中心点，并在定位平衡板中心点引出铅垂线。具体见图 3.2-40～图 3.2-42。

（3）将定位平衡板吊放至护筒上方后，根据"双层双向定位"原理，调节定位平衡板位置，使平衡板中心点引出的铅垂线与护筒引出的桩位中心点重合，此时即可保证定位平衡板和桩中心点位重合；并用全站仪对平衡板中心点位进行复核，定位平衡板中心点位调节及复核具体见图 3.2-43～图 3.2-45。

图 3.2-40　十字交叉法引出桩位中点

图 3.2-41　护筒中心点复测

图 3.2-42　引出定位平衡板中心点及铅垂线

图 3.2-43　定位平衡板中心点位调节

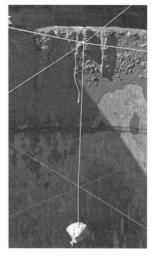
图 3.2-44　定位平衡板、孔口护筒双层双向中心点定位

### 7. 全回转钻机吊放就位

（1）定位平衡板就位后，吊车起吊全套管钻机至平衡板上，具体见图 3.2-46。

图 3.2-45　全站仪复核定位平衡板中心点　　　图 3.2-46　全回转钻机吊放就位

（2）全回转钻机就位时，钻机 4 个油缸支腿对准平衡板上的限位圆弧，确保全回转钻机准确就位，具体见图 3.2-47、图 3.2-48。全回转钻机就位后利用四角油缸支腿调平，并对钻机中心点进行复核，确保钻机中心位置与桩位中心线重合。

图 3.2-47　油缸支腿对准定位平衡板限位圆弧　　　图 3.2-48　全回转钻机就位

### 8. 钢管结构柱与工具柱对接

（1）钢管结构柱和工具柱由具备钢结构制作资质的专业单位承担制作，运至施工现场后，由具备钢结构施工资质的单位在专用对接平台上进行对接，以保证两柱对接后的中心线重合，整体垂直度满足要求。钢管结构柱运抵现场情况见图 3.2-49，现场柱体拼接见图 3.2-50。

图 3.2-49　钢管结构柱和工具柱　　　　图 3.2-50　专业钢构人员
　　　　对接现场　　　　　　　　　　　现场对接施工

（2）钢管结构柱和工具柱之间对接施工在设置的加工场进行，加工场浇筑混凝土硬化；对接操作在专门搭设的平台上进行，平台由双层工字钢焊接而成，加工场及对接平台见图 3.2-51。

图 3.2-51　对接场地及对接操作平台

（3）钢管结构柱对接安装前，在螺栓连接部位涂注内层密封胶，要求连续、不漏涂，以达到完整的密封效果，具体现场涂抹密封胶情况见图 3.2-52。

图 3.2-52　涂注内层密封胶

（4）工具柱与钢管结构柱对接时，由于工具柱长且重，因此采用吊车两点起吊，起吊过程缓慢靠拢平台上的对接柱，同时由专人操控引导工具柱移动方向，直至工具柱与钢管结构柱接近，具体对接时吊装过程现场情况见图 3.2-53、图 3.2-54。

图 3.2-53　工具柱双点起吊、专人指挥吊装

图 3.2-54　工具柱与钢管结构柱对接

（5）工具柱与钢管结构柱对接逐步接近靠拢时，在对接处设专人用对讲机与吊车进行实时联络；同时，对接操作人员手持与螺栓直径一致的短钢筋，插入柱间的对接螺栓孔内引导起吊方向；当多根钢筋完成对接孔插入后，即初步对接完成。具体对接过程现场情况见图 3.2-55。

图 3.2-55　对讲机指挥及短钢筋插入螺栓孔引导对接

（6）工具柱与钢管结构柱对接监测无误后，及时从钢管结构柱端插入柱间对接螺栓，同时安排人员在工具柱内将螺母拧紧；为确保螺栓连接紧密，在钢管结构柱处采用焊接方式将螺栓与钢管结构柱固定。具体对接螺栓安装、固定情况见图 3.2-56～图 3.2-58。

图 3.2-56　插入对接螺栓　　　图 3.2-57　工具柱内拧紧对接螺栓

（7）工具柱与钢管结构柱对接完成后，安排人员在对接处涂抹外层密封胶，防止安装过程中发生渗漏，具体外层密封胶涂抹见图 3.2-59。

图 3.2-58　对接螺栓焊接固定　　图 3.2-59　对接完成后涂抹外层密封胶

（8）钢管结构柱和工具柱对接完成后，需在工具柱上确定其方位角。方位角定位分三步实施：一是对钢管结构柱轴线腹板进行测量，确定腹板轴线；二是将腹板轴线引至工具柱上；三是在工具柱上确定腹板轴线位置。具体见图 3.2-60～图 3.2-62。

图 3.2-60　钢管结构柱腹板轴线测量

图 3.2-61　将钢管结构柱腹板轴线引至工具柱上

图 3.2-62　工具柱上端设置方位角定位线

### 9. 钢管结构柱起吊

（1）钢管结构柱起吊前，在工具柱顶部的水平板上安置倾角传感器并固定。倾角传感器通过连接倾斜显示仪，能够监测钢管结构柱下插过程的垂直度，其监控精度可达到 0.01°（1/6000），倾角传感器和倾斜显示仪见图 3.2-63。

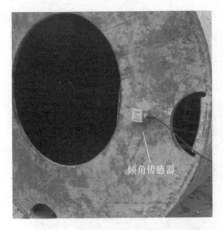

倾角传感器

图 3.2-63　倾角传感器和倾斜显示仪

（2）钢管结构柱起吊前，在工具柱顶安装柱内注水管路，以便能够将清水注入钢管结构柱内，克服泥浆流体及混凝土引起的上浮阻力。管路安装可采用普通胶管，经现场多次使用后，优选采用消防水带和接头，其注水量大，可缩短柱内的注水时间，提高工效且耐用，具体注水管安设见图 3.2-64。

图 3.2-64　工具柱顶注水管路安装

图 3.2-65　钢管结构柱主吊两点起吊绳扣安装

（3）钢管结构柱起吊采用多点起吊法，采用 1 台 260t（QUY260CR）履带式起重机作为主吊、1 台 160t（QUY160）履带式起重机作为副吊，一次性整体抬吊，再将主吊抬起至垂直。主吊安装绳扣见图 3.2-65，钢管结构柱整体抬吊过程见图 3.2-66。

**10. 钢管结构柱内注水下插至灌注桩混凝土面**

（1）将钢管结构柱插入全回转钻机，当钢管结构柱柱底与桩孔内泥浆顶面齐平时，开始向钢管结构柱内注水，以增加钢管结构柱的整体重量；由于注水量大，现场配备大容量水箱，现场注水见图 3.2-67、图 3.2-68；连续注水并下插钢管结构柱，将钢管结构柱缓慢吊放至桩身混凝土顶面位置。

图 3.2-66　钢管结构柱整体起吊

图 3.2-67　钢管结构柱内注水大容量水箱设置

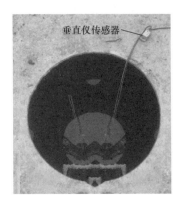

图 3.2-68　钢管结构柱内注水

（2）在钢管结构柱插入孔内过程中，由于钢管结构柱底部为密封，其下插过程将置换出等体积孔内泥浆，为防止孔口溢浆，始终同步采用泥浆泵将孔内泥浆抽至泥浆箱内，孔内泥浆泵抽出泥浆见图 3.2-69。

图 3.2-69　钢管结构柱下插过程中泥浆泵同步抽出泥浆

### 11. 全回转钻机液压下插钢管结构柱

（1）待钢管结构柱柱底到达桩身混凝土顶面时，人工粗调钢管结构柱平面位置、方向；然后，全回转钻机上辅助夹紧装置抱紧工具柱并精调钢管结构柱平面位置、方向，并同步连接倾角传感器与倾斜显示仪；通过全回转上辅助夹紧装置抱住工具柱开始下插，至行程限位后，改为下辅助夹紧装置抱住工具柱，上辅助夹紧装置松开并上移至原位。

（2）如此循环操作，逐步将钢立柱插入，直至将钢管结构柱插入至设计标高。具体全回转钻机液压循环插入钢管结构柱见图 3.2-70。

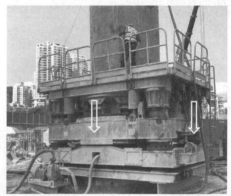

图 3.2-70　全回转钻机液压循环插入钢管结构柱

### 12. 钢管结构柱下插垂直度调节

钢管结构柱下插过程中，同时采用三种方法对钢管垂直度进行独立监控，并相互校核，一是从两个垂直方向吊铅垂线（夜间采用激光铅垂仪）观测；二是采用两台全站仪在不同方向测量钢管结构柱垂直情况；三是在工具柱顶部设置倾角传感器，精确监控钢管结构柱下插全过程的垂直度数据。

（1）铅垂线监控

在钢管结构柱下插平面位置相互垂直的两侧，设置铅垂线人工监控点。钢管结构柱下插时，利用铅垂线在重力作用下垂直指向地心的原理，将铅垂线对齐工具柱外壁，实时监控钢管结构柱下插垂直度。当垂直度出现偏差时，及时通过全回转钻机进行调整，铅垂线监控现场见图 3.2-71。

（2）全站仪监控

在钢管结构柱下插平面位置相互垂直的两侧，设置全站仪人工监控点。钢管结构柱下插时，将全站仪目镜内十字丝与工具柱外壁对齐，实时监控钢管结构柱下插垂直度。当垂直度出现偏差时，及时通过全回转钻机进行调整，铅垂线监控现场见图 3.2-72。

图 3.2-71　铅垂线实时监控　　　　　　　　图 3.2-72　全站仪实时监控钢管
钢管柱下插垂直度　　　　　　　　　　　　结构柱下插垂直度

（3）测斜仪监控

钢管结构柱插入灌注桩混凝土前，连接倾斜显示仪和工具柱顶部的倾角传感器，对其进行下插过程的全方位垂直度监控。钢管结构柱垂直度数据通过显示仪直接读取，如钢管结构柱垂直度出现偏差，则利用全回转钻机液压系统进行精确微调，垂直度误差控制在 $\pm 0.06°$（1/1000）内，测斜仪监控现场见图 3.2-73。

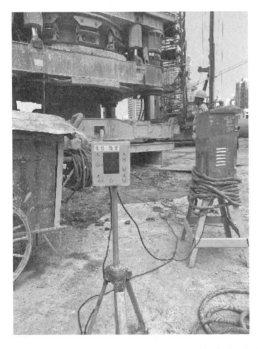 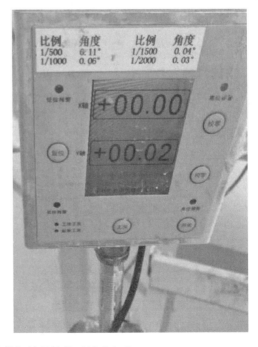

图 3.2-73　测斜仪实时监控钢管结构柱下插垂直度

### 13. 钢管结构柱下插中心线、水平线调节

（1）中心线调节

钢管结构柱下插完成后，利用全站仪对工具柱中心线（即钢管结构柱中心线）进行复测。如偏差过大，则通过全回转钻机精调，使其误差控制在±5mm以内，钢管结构柱中心线测量复核见图3.2-74。

图 3.2-74　钢管结构柱中心线测量复核

（2）水平线调节

钢管结构柱下插完成后，利用全站仪对工具柱水平线标高（即钢管结构柱水平线标高）进行复测。如偏差过大，则通过全回转钻机精调，使其误差控制在±5mm内，钢管结构柱水平线标高测量复核见图3.2-75。

图 3.2-75　钢管结构柱水平线标高测量复核

### 14. 钢管结构柱下插方位角调节

（1）根据方位角定位原理，在钢管结构柱下插至设计标高后，利用全回转钻机旋转工具柱，使其方位角定位线对准全站仪目镜十字丝的竖线，再将全站仪目镜移至桩中心点和校核点复核，完成方位角定位，具体方位角定位见图3.2-76。

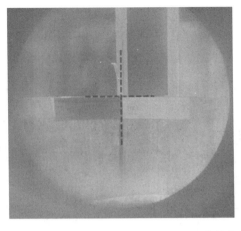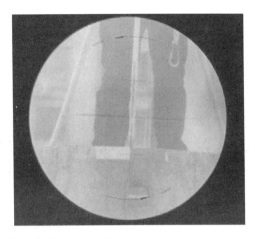

图 3.2-76　全站仪目镜十字丝定位方位角

（2）夜间施工时，可采用激光铅垂仪代替全站仪定位；当激光铅垂线同时与桩中心点棱镜、方位角定位线、校核点棱镜重合时，即表示钢管结构柱方位角完成定位，具体见图 3.2-77。

图 3.2-77　激光铅垂线夜间方位角定位现场

### 15. 全回转钻机吊移

（1）钢管结构柱完成定位后，待桩身混凝土初凝后，松开抱紧钢管结构柱的全回转钻机夹具，逐一吊移全回转钻机及定位平衡板，现场吊离全回转钻机见图 3.2-78。

（2）为了避免钢管结构柱下沉，移除全回转钻机前，在工具柱与孔口护筒之间焊接 4 个对称的连接钢块，对工具柱进行固定，定位块焊接定位见图 3.2-79。

### 16. 钢管结构柱内灌注混凝土

（1）为便于混凝土灌注作业，制作专门的钢管

图 3.2-78　全回转钻机移位

结构桩顶口装配式灌注混凝土作业平台，并使用吊车吊放，具体见图3.2-80；吊车将平台吊放至工具柱顶面，置于工具柱孔口，中心点与工具柱孔口中心重合，具体见图3.2-81；检查平台安放符合要求后，采用螺栓将平台竖向角撑固定于工具柱上，具体见图3.2-82。

图3.2-79　工具柱与孔口护筒钢块焊接固定

图3.2-80　柱顶吊放灌注平台　　图3.2-81　灌注平台置于柱中心　　图3.2-82　螺栓固定灌注平台

（2）将高压潜水泵吊入钢管结构柱内，放置于柱底部，抽出柱内清水，具体见图3.2-83、图3.2-84。

图3.2-83　潜孔泵下入钢管结构柱底抽水　　　　图3.2-84　钢管结构柱内水被抽干

（3）钢管结构柱内水抽干后，为防止混凝土离析，柱内混凝土采用灌注导管灌注。在装配式灌注平台上安装直径 250mm 灌注导管，并灌注钢管结构柱柱内混凝土至柱顶标高，现场灌注，具体见图 3.2-85。

图 3.2-85　装配式平台上安装导管、灌注钢管结构柱内混凝土

### 17. 拆除工具柱

（1）钢管结构柱内混凝土灌注完成后，人工下入工具柱内，松开工具柱与钢管结构柱连接螺栓。人工柱内拆除工具柱连接螺栓见图 3.2-86。

图 3.2-86　人工下入结构柱内拆除工具柱与结构柱之间的连接螺栓

（2）工具柱与钢管结构柱连接螺栓拆除后，割除工具柱与孔口钢护筒的临时 4 块固定钢块，将工具柱拆除，乙炔现场割除固定钢块见图 3.2-87。

（3）松开工具柱的连接螺栓和固定钢块后，采用吊车将工具柱起吊并移开，具体见图 3.2-88。

### 18. 孔内回填细石、起拔孔口钢护筒

（1）对于钢管结构柱与孔壁之间的间隙，以及钢管结构柱顶至地面的空孔段，采用细石回填；细石可利用再生碎石，以防止工具节拆除后钢管结构柱发生移位，并满足大型机械安全行走要求。具体细石

图 3.2-87　乙炔现场割除工具柱护筒 4 块固定钢块

回填见图 3.2-89。

图 3.2-88　吊车吊移工具柱　　　　图 3.2-89　钢管结构柱与孔壁间细石回填

（2）碎石回填至地面标高后，采用振动锤配合双向吊绳拔起护筒；振动锤采用单夹持振动锤，当单夹持起拔较困难时，可采用 2 套单夹持振动锤同时起拔；拔出后，松开振动锤，采用吊绳将护筒移至指定位置。具体钢护筒起拔见图 3.2-90。

图 3.2-90　钢管结构柱与孔壁

（3）钢护筒拔出后，孔内的细石会下沉，此时采用挖掘机将细石回填入孔，具体见图 3.2-91。

图 3.2-91　孔内回填细石

### 3.2.8　材料和设备

#### 1. 材料

本工艺所使用的材料主要有钢筋、钢管、连接螺栓、混凝土、护壁泥浆、钢护筒、测绳、清水等。

#### 2. 设备

本工艺所涉及设备主要有旋挖机、振动锤、全回转钻机、全站仪等，详见表 3.2-1。

主要机械设备配置表 表 3.2-1

| 名称 | 型号 | 备注 |
| --- | --- | --- |
| 旋挖机 | BG46 | 灌注桩钻进成孔 |
| 全回转钻机 | JAR260 | 安插钢管结构柱、"三线一角"定位调节 |
| 定位平衡板 | — | 全回转钻机支撑定位平台 |
| 履带式起重机 | QUY260CR | 项目现场主吊 |
| 履带式起重机 | QUY160 | 项目现场副吊 |
| 振动锤 | DZ-500 | 下沉、起拔孔钢护筒 |
| 泥浆净化器 | ZX-200 | 净化现场泥浆 |
| 电焊机 | ZX7-400T | 现场钢筋焊接 |
| 灌注导管 | $\phi 300$mm | 现场灌注混凝土 |
| 全站仪 | WILD-TC16W | "三线一角"定位 |

### 3.2.9　质量控制

#### 1. 钢管结构柱中心线

（1）现场测量定位出桩位中心点后，采用十字交叉法引出桩中心位置点，并做好引出点的保护，以利于恢复桩位使用。

（2）旋挖钻机埋设孔口护筒引孔时，钻进前对准桩位、量测钻头各个方向与引出桩位点的距离是否相等，出现偏差及时调整。

（3）平衡板放置前，保证场地平整、坚实，并采用双层双中心线就位。

#### 2. 钢管结构柱垂直线

（1）钢管结构柱下插时，在垂直方向设置两台全站仪，全过程实时观察工具柱柱身垂直度，出现误差及时调整，以避免调整不及时造成钢管结构柱下放精度偏差超标。

（2）在全站仪监测的同时，另设置铅垂线，校核钢管结构柱的垂直度。

（3）工具柱顶部安装的倾角传感器在钢管结构柱下插过程中，通过显示屏上的数据监控钢管结构柱的垂直度具体数值，如有误差及时调整。

（4）全站仪、测斜仪等设备由专业人员操作，避免误操作和误判数据。

#### 3. 钢管结构柱水平线

（1）钢管结构柱下放到位后，在工具柱顶选 4 个点对标高进行复测，误差需均在 5mm 范围以内。

（2）混凝土初凝时间控制在 24h 缓凝设计，以避免钢管结构柱下插到位前桩身混凝土初凝，使得钢管结构柱无法下插至桩身混凝土内。

（3）钢管结构柱下放过程中，向钢管结构柱内持续注水增加钢管结构柱自重，从而克服下方混凝土产生的上浮力，保证钢管结构柱下放到位。

**4. 钢管结构柱方位角**

（1）工具柱顶方位角定位线与腹板位置对齐，工具柱侧的定位线标记清晰、准确。

（2）夜间采用激光仪放线，确定桩位中心点、方位角定位点、已知测设点、校核点四点位于同一直线上，确保钢管结构柱下放方向正确。

### 3.2.10 安全措施

**1. 灌注桩成桩**

（1）施工场地进行平整或硬化处理，确保旋挖钻机施工时不发生沉降位移。

（2）桩基施工时，孔口设置安全护栏，严禁非操作人员靠近。

（3）吊放钢筋笼时，控制单节长度，严禁超长超限作业。

**2. 钢管结构柱内混凝土灌注**

（1）工具柱顶装配式灌注平台在吊装前，检查整体完整性、牢靠性；吊放到位后，采用螺栓固定。

（2）在灌注平台上作业时，控制作业人数不超过 4 人，所有辅助机具严禁堆放在平台上。

（3）人员登高作业，安设人行爬梯，平台四周设安全护栏。

（4）灌注时，采用料斗吊运混凝土至平台灌注，起吊时由专人指挥，控制好吊放高度，严禁碰撞平台。

**3. 现场测量监控**

（1）钢管结构柱下插作业时，同步进行三线一角的多点测量监控，测量点设置于安全区域内。

（2）在全回转钻机上测量时，听从现场人员指挥，做好高处安全防护措施。

## 3.3 逆作法"旋挖＋全回转钻机"钢管柱后插法定位施工技术

### 3.3.1 引言

为了缓解交通压力，近年来城市的地铁建设飞速发展。受周边环境制约以及地质条件等因素影响，在地铁车站工程中多采用盖挖逆作法施工，其地铁车站结构中的钢管结构柱作为永久结构的一部分。规范和设计要求钢管结构柱的施工精度高，钢管结构柱的垂直度偏差规范要求为其长度的 1/1000 且不大于 15mm，对于超深、超长钢管结构柱桩，采用钢管结构柱和孔底钢筋笼在孔口对接、分两次浇筑的传统施工工艺难以满足规范的精度要求。

针对上述问题，项目组研究形成了逆作法钢管结构柱后插法定位施工技术，并在深圳市城市轨道交通 13 号线深圳湾口岸站项目应用，通过全回转设备结合万能平台，采用后插法工艺进行钢管结构柱的安放，同时在安放过程中利用倾角传感器对钢管结构柱的垂直度进行实时动态监控，并利用全回转设备进行微调，达到定位精度可靠、缩短工期、节约成本的效果。

### 3.3.2　工程实例

#### 1. 工程概况

深圳湾口岸站是深圳市城市轨道交通 13 号线工程的起点站，车站站位设置于深圳湾口岸内，沿东南、西北方向斜穿整个深圳湾口岸深方部分。车站总长约 330.65m（左线）、337m（右线），标准段总宽 35.2m，主体结构为地下二层结构，车站底板埋深约 19.5m。本项目地下基坑范围内左线长 330.65m，右线长 337m，深约 19.5m，标准段宽 35.2m，配线段宽 22.3～23.8m。

#### 2. 逆作法设计

深圳湾口岸基础结构采用盖挖逆作法施工，盖挖逆作围护结构中采用 $\phi1800@1450$mm 全荤套管咬合桩，竖向支撑构件为钢立柱，钢立柱下设置桩基础；钻孔灌注桩直径 1.8m，桩底持力层为中风化花岗岩，最大钻孔深度 105m，平均孔深 85m。钢管柱直径 800mm（$t=30$mm），钢管长度 17.93～21.63m，钢管内混凝土强度等级 C60，钢管外混凝土强度等级为 C50。逆作法钢管结构柱剖面示意见图 3.3-1。

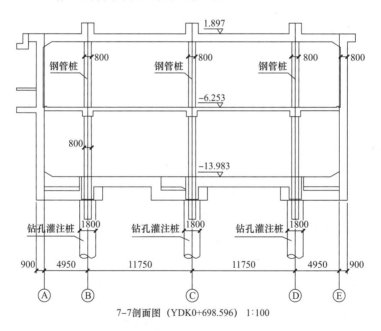

图 3.3-1　逆作法钢管结构柱剖面示意图

#### 3. 钢管结构柱吊装质量要求

钢管结构柱吊装允许偏差：

（1）立柱中心线和基础中心线±5mm。

（2）立柱顶面标高和设计标高＋0.000mm，中间层±20mm，立柱顶面平整度 5mm。

（3）各立柱垂直度：不大于 1/1000，且不大于 15mm。

图 3.3-2　逆作法钢管结构柱完工

（4）各柱之间的距离：间距的±1/1000。

（5）各立柱上下两平面相应对角线差：1/1000，且不大于 20mm。

**4. 逆作法施工**

该项目逆作法施工采用全回转钻机下入深长护筒，确保了护筒的垂直度；利用大扭矩旋挖钻机钻进超深钻孔，实现快速钻进和入岩；综合使用万能平台和全回转钻机组成的作业平台，实施钢管结构柱后插精准定位，达到了便捷高效、安全可靠的效果。施工完工照片见图 3.3-2。

**5. 逆作法结构开挖**

逆作法基础结构施工于 2021 年 1 月顺利完工，现场声测管、抽芯检测满足设计要求，基坑开挖效果见图 3.3-3、图 3.3-4。

### 3.3.3　工艺特点

**1. 综合效率高**

（1）钢管结构柱在工厂内预制加工并提前与工具柱进行试拼装，大大提升了现场作业的效率。

图 3.3-3　逆作法开挖

（2）立柱成孔采用大功率的德国进口宝峨 BG55 旋挖机，设备性能稳定、成孔效率高，桩底入岩采用分级扩孔工艺，尤其对长桩的施工效率提升显著。

（3）后插法工艺无需钢管结构柱和钢筋笼孔口对接环节，节省了大量施工时间；万能平台替代全回转设备对钢管结构柱进行加持固定，避免了设备占用，提高了全回转设备的周转利用率。

图 3.3-4　逆作法开挖后钢管结构柱

**2. 施工控制精度高**

(1) 本工艺利用全回转设备垂直度控制精度高的特点，精确安放 15m 长护筒，在保证孔口地层稳定的同时，护筒的辅助导向功能为桩身垂直度施工控制提供可靠的前提保证。

(2) 钻进成孔采用德国宝峨旋挖机，设备自身带有孔深和垂直度监测控制系统，在成孔过程中如有偏差可随时进行纠偏调整；成孔完成后采用"DM-604R 超声波测壁仪"对灌注桩的孔深、孔径、垂直度等控制指标进行测量，保证施工质量满足设计要求。

(3) 钢管结构柱垂直度利用倾角传感器进行实时动态监控，其控制精度高达 0.01°，确保了钢管结构柱的垂直度。

(4) 桩身混凝土采用超缓凝混凝土，有利于钢管结构柱的插放和定位。

**3. 安全绿色环保**

(1) 旋挖机成孔产生的渣土弃置于专用的储渣箱内，施工过程中泥头车配合及时外运，有效避免了渣土堆放影响安全文明施工形象。

(2) 施工过程中的泥浆通过泥砂分离系统进行渣土分离，提高泥浆循环利用率，减少了泥浆排放量；同时，系统分离出来的泥砂渣土装编织袋，可综合利用作为沙包堆放在桩孔四周，可避免溢出的泥浆随意外流，符合绿色、环保的要求。

### 3.3.4　适用范围

适用于深基坑支撑体系中的超长钢管结构柱定位施工和逆作法钢管结构柱后插法定位施工。

### 3.3.5　工艺原理

本工艺采用后插法定位技术进行施工，通过分别控制下部灌注桩和上部钢管结构柱的定位及垂直度的方法与原理进行定位，其关键技术包括钢管结构柱下部灌注桩施工和钢管结构柱后插法定位施工两部分。

**1. 钢管结构柱下部灌注桩施工**

利用全回转钻机安放 15m 长的钢套管，作为钢管结构柱底部灌注桩成孔时的护壁长护筒，为桩孔垂直度控制提供导向定位，具体见图 3.3-5。钻进采用德国进口的大功率宝峨 BG46 旋挖钻机钻进成孔，其设备稳定性好，且自身内置先进的定位和垂直度监控及纠偏系统；成孔后采用日本 DM-604R 超声波测壁仪对成孔质量进行检测，直接打印孔壁垂直度结果，确保桩身成孔质量满足设计要求；最后安放钢筋笼、灌注桩身混凝土，完成钢管结构柱下部的灌注桩施工。

**2. 钢管结构柱后插法定位施工**

后插法综合定位施工技术主要根据两点定位的工作原理，通过全回转钻机自身的两套液压定位装置和垂直液压系统，结合万能平台将底端封闭的钢管结构柱垂直插入至初凝前的下

图 3.3-5　全回转钻机安放长护筒

部灌注桩混凝土中（混凝土采用缓凝混凝土，缓凝时间约 36h）。

（1）施工时，先将万能平台和全回转设备调至指定位置，调水平、校准中心位置。

（2）在专用操作平台上连接工具柱与钢管结构柱，并在工具柱的水平板上安装倾角传感器；利用全回转设备和万能平台的液压控制系统加持抱紧钢管结构柱的工具柱，依据"两点一线"原理，调整倾角传感器显示仪上的读数，作为钢管结构柱垂直的初始状态。

（3）松开万能平台夹片，由全回转设备抱紧插入钢立柱插入一个行程，随后万能平台抱紧工具柱，全回转钻机松开夹紧装置并上升一个行程，然后夹紧工具柱；循环重复以上操作，直至钢管结构柱插入至设计标高。在钢管结构柱下插过程中，通过倾角传感器配套的显示仪实时监控钢管结构柱的垂直状态；如有偏差，则利用全回转钻机进行精确微调。

（4）安放桩顶插筋、浇筑钢管结构柱内混凝土后，全回转设备和万能平台始终保持加持抱紧工具柱的状态，直至钢管结构柱下部灌注混凝土达到一定的强度。

（5）拆除工具柱后移除全回转钻机和万能平台，向孔内均匀回填碎石；通过过程中一系列的操作和控制措施，完全保证钢管结构柱的定位和垂直度满足设计的精度要求。

### 3.3.6 施工工艺流程

逆作法"旋挖＋全回转钻机"钢管结构柱后插法施工工艺流程见图 3.3-6。

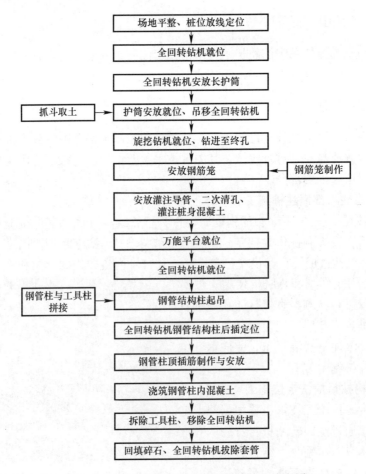

图 3.3-6  逆作法钢管结构柱后插法施工流程图

### 3.3.7 工序操作要点

**1. 场地平整、桩位放线定位**

（1）由于旋挖机、全回转设备等均为大型机械设备，对场地要求比较高，施工前对场地进行专门的规划处理。

（2）为了保证机械作业安全，对机械行走路线和作业面进行硬化处理。

（3）用全站仪测量放线确定桩位坐标点，以十字交叉法引到四周用短钢筋做好护桩，在桩位中心点处用短钢筋进行标志。

**2. 全回转钻机就位**

（1）全回转钻机就位前，先安放定位板，用十字交叉法进行定位，定位板安放见图 3.3-7。

（2）定位板安放到位后，吊放全回转设备；吊装时，安排司索工现场指挥；起吊后，缓缓提升，移动位置时安排多人控制方向；定位板四个角位置设有卡槽，钻机相应的固定角完全置于定位板卡槽内，可大大节省全回转钻机就位时间并确保设备定位的准确度。全回转钻机吊装、就位见图 3.3-8、图 3.3-9。

图 3.3-7　吊放定位板

图 3.3-8　全回转钻机吊放

（3）全回转设备就位后，吊放液压动力柜，起吊高度及安全范围内无关人员撤场，具体见图 3.3-10；动力柜按规划位置就位后，安装动力柜液压系统，具体见图 3.3-11。

图 3.3-9　全回转钻机就位

图 3.3-10　吊放液压动力柜

图 3.3-11  安装液压油管系统

（4）钢管结构柱底部灌注桩设计直径 1.8m，全回转钻机选用 1.8m 的钢套管作为护筒，安装 1.8m 的定位块夹片，并安装全回转钻机反力叉。全回转钻机更换直径定位块夹片见图 3.3-12，安装钻机反力叉见图 3.3-13。

图 3.3-12  全回转钻机安装 1.8m 定位块　　图 3.3-13  全回转钻机安装反力叉

### 3. 全回转钻机安放长护筒

（1）选用直径 1.8m 的钢套管作为长护筒，套管使用前，首先检查和校正单节套管的垂直度，垂直度偏差应小于 $D/500$（$D$ 为桩径），然后检查按要求配置的全长套管的垂直度，并对各节套管编号，做好标记。

（2）套管检查校正完毕后，采用吊车将套管起吊安放至全回转钻机就位，在钻机平台按中心点定位，地面派人吊双垂线控制护筒安放垂直度，套管吊装见图 3.3-14。

图 3.3-14  长护筒套管起吊、就位

**4. 抓斗取土**

（1）套管就位后，采用冲抓斗套管内配合取土，具体见图 3.3-15。

图 3.3-15　冲抓斗套管内取土作业

（2）冲抓斗取土过程中，全回转设备回转驱动套管并下压套管，实现套管快速钻入上部土填土层中；钻进过程中，根据地层特性保持一定的套管超前支护，直至将套管安放至指定的标高位置，具体见图 3.3-16。

**5. 护筒安放就位、吊移全回转钻机**

（1）套管就位后，采用吊车将全回转钻机、定位板吊移，钻机吊移见图 3.3-17。

图 3.3-16　全回转钻机液压下压套管　　图 3.3-17　全回转钻机吊移孔位

（2）全回转钻机吊离孔位后，对孔口进行安全防护，具体见图 3.3-18。

**6. 旋挖钻机就位、钻进至终孔**

（1）由于灌注桩设计直径大、桩孔平均深度 85m，采用宝峨 BG46 旋挖钻机成孔，具有扭矩大、钻进工效高的特点；钻机就位前，在钻机履带下铺设钢板。现场钻机就位见图 3.3-19。

图 3.3-18　全回转钻机吊离后孔口安全防护　　图 3.3-19　旋挖钻机孔口就位

（2）钻进前，对护筒四周用砂袋砌筑，防止泥浆外溢；同时，向孔口泵入泥浆，保持孔内泥浆液面高度，维持孔壁稳定，具体见图 3.3-20。

图 3.3-20　护筒内泥浆管输入泥浆

（3）采用旋挖钻斗取土钻进，钻斗钻渣直接倒入孔口附近的泥渣箱内，见图 3.3-21、图 3.3-22。

图 3.3-21　旋挖钻斗入孔钻进

图 3.3-22　旋挖钻斗钻渣箱出渣

（4）宝峨旋挖机自带孔深和垂直度监测系统，钻孔作业过程中实时关注钻孔深度和垂直度等控制指标；如发生偏差，及时进行调整纠偏。

（5）桩底入岩采用分级扩孔工艺钻进，达到设计桩长后采用专用的捞渣钻头进行清孔，终孔后采用"DM-604R 超声波测壁仪"对成孔质量进行检测，并进行终孔验收。现场测量孔深见图 3.3-23，超声波测壁仪检测结果见图 3.3-24。

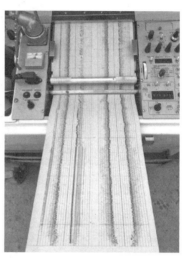

图 3.3-23　钻孔孔深终孔验收　　　　　图 3.3-24　孔壁垂直度检测结果打印

#### 7. 安放钢筋笼

（1）清孔到位后，及时安放钢筋笼；钢筋安放前，应会同监理工程师进行隐蔽验收，现场钢筋笼验收见图 3.3-25。

（2）由于桩身较长，钢筋笼采用分段吊装、孔口焊接的工艺进行安放；钢筋笼采用双点起吊，起吊点按吊装方案设置，吊装作业前对作业人员进行安全技术交底。双吊点设置见图 3.3-26。

图 3.3-25　现场钢筋笼隐蔽验收　　　　　图 3.3-26　钢筋笼双吊点起吊

（3）钢筋笼缓慢起吊，至垂直后松开副吊点，移动至孔口并下放，具体见图 3.3-27；下放笼顶至孔口位置，插双杠临时固定在孔口，见图 3.3-28；随即起吊另一节钢筋笼，并在孔口对接，具体见图 3.3-29。

图 3.3-27　钢筋笼起吊、入孔

图 3.3-28　钢筋笼孔品固定　　　　　图 3.3-29　钢筋笼孔口对接

（4）鉴于钢筋笼顶距地面较深，为控制好桩顶混凝土灌注标高，采用"灌无忧"装置配合作业，通过在笼顶埋设压力传感器，灌注过程中传感器采集周围介质的电学特性和压力值变化，转化为电信号通过电缆传送给主机板；当灌注混凝土上升至传感器位置并被接收后，主机板指示灯发亮做出警示，具体见图 3.3-30。

图 3.3-30　钢筋笼顶混凝土标高控制传感器及"灌无忧"主机

**8. 安放灌注导管、二次清孔及灌注桩身混凝土**

（1）钢筋笼安放到位后及时下放导管，导管选用直径 300mm、壁厚 10mm 的无缝钢管；导管位于桩孔中心安放，连接封闭严密，导管底部距孔底 30~50cm，灌注导管见图 3.3-31。

（2）导管安放完毕后，检测孔底沉渣厚度，如沉渣厚度超标则采用气举反循环工艺进行二次清孔。二次清孔达到设计要求后，及时灌注桩身混凝土；初灌采用 3m³ 灌注大斗，灌注前用清水湿润；灌注料斗吊运至孔口，灌注料斗与灌注导管在孔口安放稳固，灌注时不得将吊钩摘除。

（3）采用球胆作为隔水塞，初灌前将隔水塞放入导管内，压上灌注斗底部导管口盖板，然后倒入混凝土；初灌时，混凝土罐车出料口对准灌注斗，待灌注斗内混凝土满足初灌量时，提升导管口盖板，此时混凝土即压住球胆灌入孔底，同时罐车混凝土快速卸料进入料斗完成初灌。初灌见图 3.3-32。

图 3.3-31　桩身混凝土灌注导管　　　　　图 3.3-32　桩身混凝土大斗初灌

（4）正常灌注时，为便于拔管操作，更换为小料斗灌注，备好足够的预拌混凝土连续进行；灌注过程中，定期测量混凝土上升面位置，及时进行拔管、拆管，导管埋深始终控制在 2~4m，桩顶按设计要求超灌足够的长度。桩身混凝土正常灌注见图 3.3-33。

**9. 万能平台就位**

（1）钢管结构柱底部桩基混凝土灌注完成后，及时清理场地，重新校核、定位钢管结构柱中心点位，见图 3.3-34。

图 3.3-33　桩身混凝土小斗正常灌注　　　　图 3.3-34　定位钢管结构柱中心点

（2）万能平台吊放前，同样拉线定位平台中心线，具体见图 3.3-35；吊装万能平台时，平台中心线与钢管结构柱中心线双重合，见图 3.3-36。

图 3.3-35　吊装前设置万能平台中心线　　　　图 3.3-36　吊装时双中心线重合就位

**10. 全回转钻机就位**

（1）由于工具柱直径为 1.5m，因此应更换直径为 1.5m 全回转设备夹片，夹片现场更换见图 3.3-37。

（2）吊运全回转设备至万能平台，万能平台四个角设有卡槽，可以辅助定位确保全回转设备精准定位，具体见图 3.3-38；全回转设备就位，调整水平，并复核中心，确保全回转设备的中心点与钢管结构柱中心保持一致。

图 3.3-37　更换 1.5m 定位块夹片　　　　图 3.3-38　全回转钻机就位

**11. 钢管柱与工具柱拼接**

（1）为了保证钢管结构柱的垂直度，钢管结构柱按照设计长度在加工厂一次性加工成型，并在现场厂内与工具柱进行拼接，现场拼接场地硬地化、找平处理，现场加工场见图 3.3-39。

（2）拼接时设置专用操作平台，平台由工字钢焊接而成，由 4 个工字竖向架组成；平台竖向工字钢柱底设钢板，并通过混凝土硬地预埋的螺栓固定；竖向柱设置八字斜支撑，确保架体的稳定，具体见图 3.3-40；平台钢管柱和工具柱各设置 2 个平台，按钢管柱与工具柱直径不同，预先进行标高设置，实现同轴对接设计，便于柱间对接，具体见图 3.3-41。

图 3.3-39　钢管柱与工具柱拼接硬地化场地

图 3.3-40　竖向平台工字钢架　　　　图 3.3-41　钢管柱与工具柱平台同轴设置

（3）拼接时，将钢管柱与工具柱吊至平台上，由于竖向上预先处于同轴，仅需进行中心线调节，至同心同轴后将对接法兰用螺栓固定，并设置三角木楔固定，具体见图 3.3-42。

图 3.3-42　钢管柱与工具柱对接及固定

**12. 钢管结构柱起吊**

（1）钢管柱与工具柱对接后，在工具柱顶部安放倾角传感器，用于监测控制钢管结构柱的垂直度，其控制精度可达到 0.01°，见图 3.3-43。

（2）钢管结构柱采用双机同步抬吊，逐步将钢管结构柱由水平状态缓慢转变为垂直状态，然后由主吊转运至桩孔位置。钢管结构柱起吊过程见图 3.3-44。

图 3.3-43　倾角传感器安设　　　　　　　　图 3.3-44　钢管结构柱吊装过程

### 13. 全回转钻机钢管结构柱后插定位

（1）采用后插法工艺安放钢管结构柱，钢管结构柱底部设计为封闭的圆锥体，为了防止钢管结构柱底部的栓钉刮碰到钢筋笼，影响钢管柱的顺利安放，沿竖向在每排栓钉的外侧加焊一根 $\phi$10mm 的光圆钢筋，见图 3.3-45。

图 3.3-45　钢管结构柱底部栓钉竖向焊筋处理

（2）利用 200t 的主吊将钢管结构柱缓慢插入桩孔内，对孔口溢出的泥浆采用泥浆泵抽至泥浆箱内。

（3）待工具柱至全回转设备工作平台一定位置时，调整钢管结构柱的姿态，然后用全回转设备和万能平台的夹紧装置同时抱紧工具柱。此时，连接钢管柱顶的倾角传感器与倾斜显示仪，校准调整显示仪读数作为钢管结构柱的初始垂直状态，现场连接测斜仪见图 3.3-46、图 3.3-47。

（4）松开万能平台夹片，由全回转钻机的夹紧装置抱住工具柱，下压一个行程安放钢管结构柱，然后由万能平台的夹紧装置抱紧工具柱，松开全回转设备夹紧装置并上升一个行程然后再同时抱紧工具柱，循环重复上述动作直至将钢管结构柱插入至设计标高。

（5）在钢管结构柱下插过程中，通过倾角传感器配套的显示仪实时监控钢管结构柱的垂直状态；同时，从不同方向采用全站仪同步监测钢管结构柱的垂直度；如有偏差，实时利用全回转钻机进行调节，确保垂直度满足设计要求。全站仪现场监测见图 3.3-48。

图 3.3-46　连接倾斜显示仪

图 3.3-47　倾斜显示仪

图 3.3-48　钢管结构柱安插及垂直度监测

## 14. 钢管柱顶插筋制作与安放

（1）为了使钢管结构柱与顶板更好地锚固连接，在其顶部按设计要求安放插筋，见图 3.3-49。

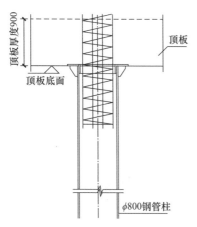

图 3.3-49　柱顶短节钢筋笼

图 3.3-50　钢管结构柱顶插筋焊接

（2）将短节钢筋笼吊放至钢管柱顶，焊接人员从工具柱爬梯下入，采用焊接将钢筋笼与钢管柱固定，具体见图 3.3-50。

### 15. 浇筑钢管柱内混凝土

（1）采用导管浇筑钢管结构柱内混凝土，混凝土采用 C50 的补偿收缩混凝土，并加入少量的微膨胀剂。

（2）浇筑混凝土时采用吊车和天泵配合，并及时拆卸导管，现场浇筑见图 3.3-51，浇筑完成后柱顶钢筋笼见图 3.3-52。

### 16. **拆除工具柱、移除全回转钻机**

（1）钢管结构柱内混凝土浇筑完成后，保持全回转钻机、万能平台夹紧装置抱紧固定工具柱，稳定状态保持不少于 12h，以便钢管结构柱的稳固。具体见图 3.3-53。

图 3.3-51　全回转钻机平台浇筑钢管柱内混凝土浇筑混凝土

图 3.3-52　柱顶钢筋笼　　　　图 3.3-53　全回转钻机、万能平台稳固工具柱

（2）为了避免钢管结构柱下沉，需等待下部桩基混凝土初凝并达到一定的强度后方可拆除工具柱，一般至少等待 24h 后拆除工具柱，然后移除全回转钻机和万能平台。

**17. 回填碎石、全回转钻机拔除套管**

（1）为了避免钢管结构柱受力不均发生偏斜，对钢管结构柱与桩孔间隙回填碎石，回填采用人工沿四周均匀回填，具体回填见图 3.3-54。

（2）最后，将全回转钻机吊至孔位处拔除钢套管护筒。

图 3.3-54 孔口回填碎石

### 3.3.8 材料与设备

**1. 材料**

本工艺所用材料及器具主要为钢筋、钢管、混凝土、膨润土、灌注料斗、导管等。

**2. 设备**

本工艺现场施工主要机械设备见表 3.3-1。

主要机械设备配置表 表 3.3-1

| 设备名称 | 型号 | 数量 | 备注 |
|---|---|---|---|
| 全回转钻机 | JAR260H | 1 台 | 配 2 套万能平台 |
| 旋挖钻机 | BG46 | 1 台 | 钻进成孔 |
| 履带式起重机 | 200t、80t | 2 台 | 吊装 |
| 灌注斗 | 3m³ | 1 个 | 灌注桩身混凝土 |
| 灌注导管 | 直径 300mm | 100m | 灌注水下混凝土 |
| 泥浆泵 | 3PN | 2 台 | 泵入泥浆 |
| 超声波钻孔侧壁检测仪 | DM-604R | 1 台 | 成孔质量检测 |

### 3.3.9 质量控制

**1. 制度管控措施**

（1）钢管结构柱工程施工实行"三检制"（即班组自检、值班技术员复检和专职质检员核检），按照项目施工质量管理体系进行管理。

（2）为了确保现场钢立柱定位质量，制定工序流程及操作要点，并制定工序质量验收制度，落实专人现场控制。

**2. 钢管结构柱加工**

（1）为了保证焊接质量和加工精度要求，钢管结构柱按设计尺寸在工厂内进行加工定制。

（2）钢管结构柱加工完成后，出厂前在工厂内与现场同规格型号的工具柱进行试拼装，确保满足设计要求。

（3）钢结构的焊缝检验标准为Ⅱ级，对每一道焊缝进行100％的超声波无损探伤检测，超声波无法对缺陷进行探测时则采用100％的射线探伤。

（4）构件在高强度螺栓连接范围内的接触表面采用喷砂或抛丸处理。

（5）钢管结构柱进场后，监理对钢管结构柱进行验收，确保钢管壁厚及构件上的栓钉、加劲肋板的长度、宽度、厚度等符合设计要求。

### 3. 钢筋笼及钢管结构柱安装

（1）钢筋笼制作采用自动滚笼机加工工艺，分段起吊长度不超过30m，确保吊装时笼体不受损伤。

（2）钢筋笼及钢管结构柱吊装前，进行隐蔽工程验收，合格后进行吊装作业。

（3）为了保证拼接质量，钢管结构柱与工具柱在专用的加工操作平台上对接。

（4）钢筋笼和钢管结构柱吊装时，配备信号司索工进行指挥，采用双机抬吊方法起吊。

（5）钢管结构柱后插定位时，以工具柱顶安装的倾角传感器及显示仪上的偏差数值控制，同时采用全站仪同步监控，确保结构柱垂直度满足要求。

### 4. 混凝土浇筑及回填

（1）混凝土灌注时，导管安放到位，采用大体积灌注斗初灌，以保证初灌时的埋管深度。

（2）混凝土浇灌过程中始终保证导管的埋管深度在2～6m。

（3）由于桩顶标高处于地面以下较深位置，灌注桩身混凝土时，通过"灌无忧"设备进行桩顶灌注混凝土标高控制。

（4）钢管结构柱四周间隙及时进行回填，采用碎石以人工沿四周均匀、对称的方式回填。

## 3.3.10 安全措施

### 1. 灌注桩成孔

（1）对旋挖桩场地进行硬地化处理，旋挖钻机履带下铺设钢板作业。

（2）灌注桩成孔完成后，在后续工序未进行时，及时做好孔口安全防护。

（3）旋挖作业区设置临时防护，无关人员严禁进入，防止出现意外。

（4）泥浆池进行封闭围挡，孔口溢出的泥浆及时处理，废浆渣集中外运。

（5）钻机移位时，施工作业面保持平整，由专人现场统一指挥，空桩孔回填密实，无关人员撤离作业现场，避免发生桩机倾倒事故。

### 2. 钢管结构柱与工具柱对接

（1）对接采用搭设工字钢竖向架组成的平台，对接场地浇筑混凝土硬地，工字钢架与混凝土硬地螺栓固定，确保对接平台的安全、稳固。

（2）钢管柱与工具柱吊装时，配备专业的司索工指挥，管理人员旁站监督。

（3）吊装就位时，钢管柱和工具柱平衡安放，并采用三角木楔临时固定，防止柱滚动。

（4）钢管柱与工具柱对中后，及时采用螺栓固定。

3. **钢管结构柱后插定位**

(1) 钢管结构柱采用双机抬吊,吊点按照吊装方案的计算位置设置,作业时吊车回转半径内人员全部撤离至安全范围。

(2) 在全回转钻机平台上插柱,高空施工过程中做好安全防护,听从指挥操作。

(3) 夜间施工设置照明。

# 3.4　基坑钢管结构柱定位环板后插定位施工技术

## 3.4.1　引言

逆作法是一种既能减少基坑变形,又能节省费用,缩短工期的施工方法。在深基坑逆作法施工工艺中,中间立柱桩由混凝土桩与钢立柱组成。其中,一部分中间立柱桩的钢立柱是替代工程结构柱的临时结构柱,其主要用于支撑上部完成的主体结构体系的自重和施工荷载;另一部分中间立柱桩的钢立柱为永久结构,在地下结构施工竣工后,钢立柱一般外包混凝土成为地下室结构柱。作为永久结构的钢立柱的定位和垂直度必须严格控制精度,以便满足结构设计要求;否则,会增加钢立柱的附加弯矩,造成结构的受力偏差,存在一定的结构安全隐患。

广州市轨道交通 11 号线工程上涌公园站车站主体结构中柱采用钢管结构柱形式,施工基坑支护时将中间钢管立柱桩作为永久结构施工,钢管结构柱基础为 $\phi1500mm$ 钻孔灌注桩,钢管结构柱插入桩基内 4.0m,钢管结构柱外径 800mm,钢管材质 Q345B 钢,设计壁厚 30mm 和 24mm 两种,钢管结构柱内填充 C60、C50 微膨胀混凝土。该工程对钢管立柱桩安装的平面位置、标高、垂直度、方位角的偏差控制要求极高,整体施工难度大。

目前,常用的施工方法有直接插入法、HPE(液压垂直插入机插钢管结构柱)工法、人工挖孔焊接法等。其中,直接插入法适用范围窄、施工精度差,HPE 法需特定机械设备进行下插作业,人工挖孔焊接法安全隐患大且对深度有限制。鉴于此,项目组经过反复论证,确定基坑立柱桩施工采用全套管全回转钻机+旋挖机配合施工,综合项目实际条件及施工特点,开展"全套管全回转钢管混凝土灌注桩精准定位施工技术"研究,采用定位环板调整钢立柱的中心线和垂直度,通过钢立柱的自重和角板来控制钢立柱标高和方位角,达到了定位精准、操作简单、成桩质量好的效果。

## 3.4.2　工程实例

1. **工程概况**

广州市轨道交通 11 号线工程上涌公园站位于广州市珠海区广州大道与新滘路交叉口西北侧上涌公园内,大致呈东西走向,西接逸景站,东连大塘站,场地东侧与广州大道相隔杨湾涌,现状场平标高为 7.000m。该站点采用单一墙装配式结构,地下连续墙兼做永久结构侧墙,钢立柱为永久结构柱,混凝土支撑兼做永久结构横梁,负三层端头墙采用叠合墙结构。

2. **地层分布**

项目勘察资料显示,本场地从上至下分布主要地层为耕植土、淤泥、粉质黏土、全风化泥质粉砂岩、中风化泥质粉砂岩、微风化泥质粉砂岩、断层破碎带等，微风化泥质粉砂层为基础灌注桩持力层。根据钻孔揭示，基坑开挖深度范围主要不良地层为约 4m 厚的流塑状淤泥和约 2m 厚的粉砂层。

3. **设计要求**

车站为地下三层岛式站台车站，全长为 221.7m，标准段宽 22.3m，基坑开挖深度 24.48～25.27m。车站主体结构中柱采用钢管结构柱形式，钢管结构柱外径 800mm，钢管材质 Q345B 钢，设计壁厚 30mm 和 24mm 两种，其中 30mm 柱共 10 根、24mm 柱共 14 根，共计 24 根。钢管结构柱基础为 $\phi1500mm$ 钻孔灌注桩，钢管结构柱插入基础内 4.0m，钢管结构柱内填充 C60、C50 微膨胀混凝土。钢管立柱桩平面位置见图 3.4-1，钢管立柱桩身剖面见图 3.4-2。

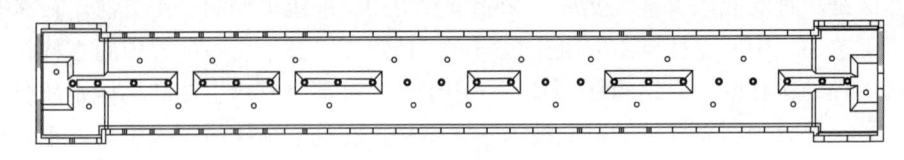

图 3.4-1 钢管立柱桩平面布置图

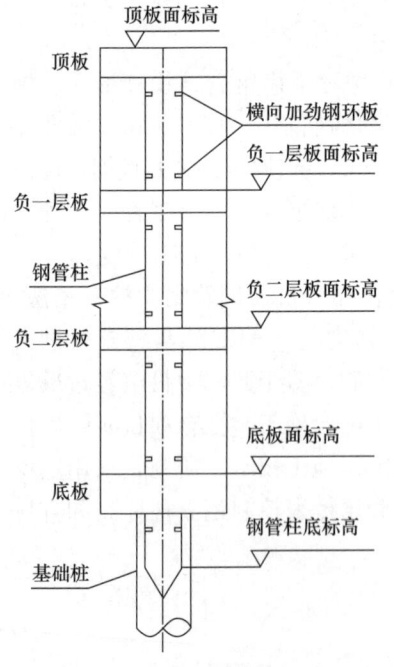

图 3.4-2 钢管立柱桩身剖面图

4. **定位精度要求**

钢管结构柱与柱下基础桩施工允许误差满足以下要求：

（1）立柱中心线与基础中心线偏差：不大于 5mm。

（2）立柱顶面标高和设计标高偏差：不大于 10mm。

（3）立柱顶面平整度：不大于 3mm。

（4）立柱垂直度偏差：不大于长度的 1/1000，最大不大于 15mm。

5. **施工情况**

本项目前期对钢管混凝土桩施工工艺做了充分的市场调研和技术论证，最终选择采用旋挖和全套管全回转钻进成孔，深度护筒＋定位环板精确控制的工艺施工。本项目钢管混凝土灌注桩施工采取的工艺技术措施主要包括：

（1）全回转钻机埋设 15m 长护筒，全回转钻机能高精度地埋设护筒，护筒作为钢管结构柱平面位置定位、垂直度控制的基准。

（2）采用全站仪、超声波测壁仪对护筒埋设平面定位、垂直度进行检验。

（3）采用旋挖机进行钻进成孔，旋挖机钻进成孔进度快，垂直度控制精确，确保工期及施工质量。

（4）采用超声波测壁仪对成孔垂直度进行检验是否符合要求，并完成第一次清孔。

（5）制安钢筋笼、安放灌注导管、二次清孔、灌注桩底混凝土，并采用混凝土超灌仪控制混凝土灌注量，减少钢管结构柱插入时钢管结构柱浮力。

（6）设置工具柱、定位环板、调角耳板等措施构件，以定位环板与护筒控制钢管结构柱垂直度，以调角耳板控制钢柱角度、高程。

（7）使用履带式起重机、单夹振动锤插入钢管结构柱并精准定位。

（8）待桩底混凝土强度达到 25％（约 24h）后，浇筑钢管内混凝土。

（9）钢管结构柱完成灌注、钢管底混凝土强度达 50％后进行空桩回填。

桩基工程于 2019 年 4 月 11 日开始施工，于 2019 年 6 月 15 日完工，比合同工期提前 15d。现场全回转钻机就位见图 3.4-3，钢管柱起吊见图 3.4-4。

图 3.4-3　全回转钻机就位　　　　图 3.4-4　钢管柱起吊

**6. 钢管结构柱检验情况**

基坑开挖后，采用超声波和抽芯对钢管混凝土灌注桩质量进行现场检测，结果表明，桩身完整性、孔底沉渣、混凝土强度等全部满足设计要求；通过现场钢管结构柱垂直度、平面中心位置进行测量检验，结果均满足设计要求。基坑开挖后钢管混凝土柱情况见图 3.4-5。

图 3.4-5　基坑开挖后钢管混凝土灌注桩

### 3.4.3　工艺特点

#### 1. 施工工效高

钢管结构柱与工具柱在工厂内预制加工并提前运至施工现场，由具有钢结构资质的专业队伍进行对接，大大提升了现场作业效率；采用全套管全回转钻机安放深长护筒，速度快，孔壁稳定性高；同时，采用旋挖钻机配合全回转钻机取土钻进，成孔效率高。

#### 2. 定位效果好

本工艺采用全套管全回转钻机安放深长护筒，全回转钻机的液压系统准确将护筒沉入，确保护筒高精准的基准垂直度；利用钢管结构柱的定位环板与护筒间的微小间隙，有效约束钢管结构柱的垂直度偏差；利用钢管结构柱加设的定位调角构件控制钢管结构柱的角度和标高，最大程度保证了钢管桩的垂直度、方位角和中心点位置。

#### 3. 降低施工成本

采用本工艺进行施工，设备较常见，各设备施工工艺成熟，可操作性强，施工工期短，总体施工综合成本低。

### 3.4.4　适用范围

适用于对钢管结构柱垂直度、高程、角度等精度要求高的永久钢管混凝土灌注桩，定位垂直度精度不小于 1/500。

### 3.4.5　工艺原理

钢管混凝土柱施工分为基础桩和钢管结构柱安装、定位两部分，本工艺主要利用桩基础护筒的高精度定位及钢管结构柱设置的定位环板进行钢管结构柱的垂直度约束，以及对平面、标高位置的有效调节，使钢管结构柱施工精确定位，安插精度满足设计要求。

#### 1. 中心线定位原理

中心线即中心点，其定位贯穿钢管结构柱安装施工的全过程，包括钻孔前桩中心放样、孔口护筒中心定位、全回转钻机中心点和钢管结构柱下插就位后的中心点定位。

（1）桩中心点定位

桩位中心点定位的精准度是控制各个技术指标的前提条件，桩基测量定位由专业测量工程师负责，利用全站仪进行测量，桩位中心点处用红漆做出三角标志并做好保护。

（2）旋挖机钻孔中心线定位

旋挖机根据桩定位中心点标识进行定位施工，根据"十字交叉法"原理，钻孔前从中心位置引出 4 个等距离的定点位，并用钢筋支架做好标记；旋挖钻头就位后，用卷尺量旋挖机钻头外侧 4 个方向点位的距离，保证钻头就位的准确性；确认无误后，旋挖机下钻先行引孔，以便后继下入孔口护筒。旋挖机钻孔中心点定位见图 3.4-6。

（3）孔口护筒安放定位

孔口护筒定位采用旋挖机钻孔至一定深度后，使用全回转钻机就位下护筒，同样根据"十字交叉法"原理，利用旋挖机钻头定位时设置的桩外侧至桩中心点 4 个等距离点位，利用全回转配套的支撑定位平台先行定位，再用全回转钻机 4 个油缸支腿的位置和尺寸，通过平台上 4 个相应位置和尺寸的限位圆弧就位；当全回转钻机在定位平台上就位后，两者即可满足同心状态。全回转钻机就位后，微调油缸支腿进行调平，即可保证全回转钻机中心线精度。随后吊放护筒，利用全回转钻机液压功能下放深长护筒。

全回转钻机定位平台及平台上限位圆弧见图 3.4-7。

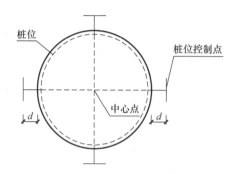

图 3.4-6　旋挖机钻孔中心点定位

图 3.4-7　全回转钻机就位

（4）定位环板

钢管结构柱后插施工前，通过在钢管结构柱上加焊两个定位钢环板（图 3.4-8），利用钢管结构柱的定位环板与护筒间的间隙，通过"两点一线"有效约束钢管结构柱的垂直度偏差，使钢管结构柱中心点与设计桩位偏差在设计要求范围内。原理见图 3.4-9。

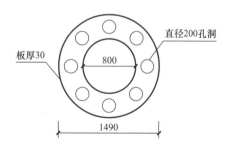

图 3.4-8　定位钢环板大样图

**2. 水平线定位原理**

水平线是指钢管结构柱定位后的设计标高，由于钢管结构柱直径大，在其下插过程中受到灌注桩顶混凝土的阻力和孔内泥浆的上浮力，其稳定控制必须满足下插力与上浮阻力的平衡。

钢管结构柱定位后的水平线位置通过测设工具柱顶标高确定，钢管结构柱下插到位后，现场对其标高进行测控。在工具柱顶部平面选取 ABCD 四个对称点为分别假设棱镜，通过施工现场高程控制网的两个校核点，采用全站仪对其进行标高测设并相互校核，水平线标高误差控制在 ±5mm 以内。水平线测控原理见图 3.4-10。

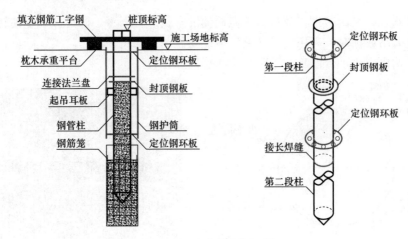

图 3.4-9　定位控制原理图

图 3.4-10　工具柱定标高测控
工艺原理示意图

### 3. 方位角定位原理

（1）钢管结构柱方位角定位

基坑逆作法施工中，先行施工的地下连续墙以及中间支承钢管结构柱，与自上而下逐层浇筑的地下室梁板结构通过一定的连接构成一个整体，共同承担结构自重和各种施工荷载。在钢管结构柱安装时，需要预先对钢管结构柱腹板方向进行定位，即方位角或设计轴线位置定位，使基坑开挖后地下室底板钢梁可以精准对接。

（2）方位角定位线设置

钢管结构柱和工具柱对接完成后，在工具柱上端设置方位角定位线，使其对准钢管结构柱腹板。通过调节钢管上预设的调角耳板和起吊耳板转动钢管结构柱，在下放钢管结构柱过程中进行多次调节，调整中对调角耳板或起吊耳板立面轴线进行测量放线，最终使其牛腿方向、角度与设计牛腿角度完全吻合后，固定钢管结构柱。方位角定位原理见图 3.4-11～图 3.4-14。

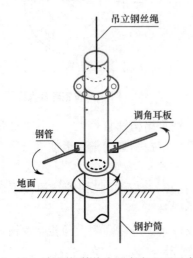

图 3.4-11　粗调钢管柱牛腿方向立面示意图

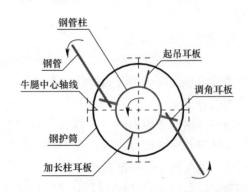

图 3.4-12　粗调钢管柱牛腿方向平面示意图

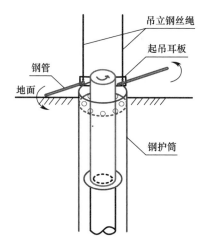

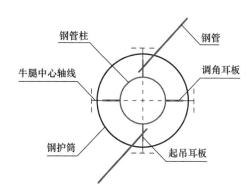

图 3.4-13　精调钢管柱牛腿方向立面示意图　　图 3.4-14　精调钢管柱牛腿方向平面示意图

## 3.4.6　施工工艺流程

高精度钢管结构柱混凝土灌注桩施工工序流程见图 3.4-15。

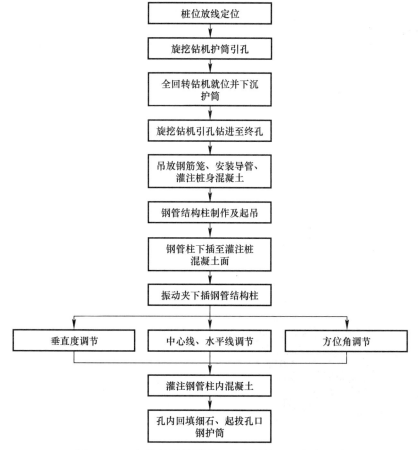

图 3.4-15　钢管结构柱混凝土灌注桩施工工序流程图

### 3.4.7 工序操作要点

**1. 桩位放线定位**

（1）旋挖机、全回钻设备等均为大型机械设备，对场地要求高，钻机进场前首先对场地进行平整，并硬地化处理。

（2）采用全站仪定位桩中心点，确保桩位准确。

（3）以"十字交叉法"将桩位中心引至四周，并用钢筋做好标记，具体见图3.4-16。

**2. 旋挖钻机护筒引孔**

（1）由于灌注桩钻进孔口安放深长护筒，为便于顺利下入护筒，先采用旋挖机引孔钻进。

（2）旋挖钻开孔遇混凝土块，采用带有牙轮的钻头钻穿硬块；开孔时，根据引出的孔位十字交叉线，准确量测旋挖机钻头外侧4个方向点位的距离，保证钻头就位的准确性。旋挖钻机定位开孔见图3.4-17。

图3.4-16　桩位放线定位　　　　　图3.4-17　旋挖钻机定位开孔

**3. 全回转钻机就位并下沉护筒**

（1）旋挖钻机引孔至2～3m后，吊放全回转钻机定位平台；吊装时，将其中心交叉线与钻孔中心"十字交叉线"双层双中心重合进行安放，具体见图3.4-18。

（2）全回转钻机选用DTR2005H，其最大钻孔直径可达2000mm，完全满足本项目成孔要求。全回转钻机定位板固定后，吊放全回转钻机，将全回转钻机4个油缸支腿的位置和尺寸，对准定位平台上设置的4个相应位置和尺寸的限位圆弧，确保全回转钻机准确就位，具体见图3.4-19。

图3.4-18　全回转钻机定位板双中心定位　　　图3.4-19　全回转钻机吊装就位

（3）全回转钻机就位后，吊放护筒至孔口平台，并利用全回转液压下插钢护筒；护筒采用直径（外径）1.59m、厚度 45mm、长 15m 的钢护筒，护筒分节进行吊装、下压，具体见图 3.4-20。

（4）护筒由全回转钻机下压就位后，为加快取土进度，采用旋挖钻机护筒内取土，具体见图 3.4-21。

图 3.4-20　全回转钻机安放护筒　　　　图 3.4-21　旋挖钻机护筒内取土

### 4. 旋挖钻机引孔钻进至终孔

（1）长护筒安放完成后，吊移全回转钻机，旋挖钻机按指定位置就位，并调整桅杆及钻杆的角度；钻头对孔位时，采用十字交叉法对中孔位。旋挖钻机就位见图 3.4-22。

（2）旋挖钻机采用钻杆有导向架的 SA-NY365R，为确保成孔垂直度，成孔分四步进行，第一步使用直径 1000mm 捞砂斗取芯钻至桩底，第二步使用直径 1480mm、高 2500mm 直筒筒钻修孔、钻进，第三步使用直径 1480mm、高 1800mm 直筒捞砂斗捞渣、跟进至桩底，第四步使用超声波测壁仪检验成孔垂直度。钻进过程中，定期检查钻杆垂直度及桩位偏差，每钻进 2m 测量一次钻杆四面与护筒边的距离是否一致；若偏差大于 5mm 则及时调整纠偏。现场钻进过程中的垂直度检测见图 3.4-23，超声波孔壁检测结果见图 3.4-24。

图 3.4-22　旋挖钻机就位

图 3.4-23 旋挖钻机钻进检测

图 3.4-24 孔壁超声波检测结果

### 5. 吊放钢筋笼、安装导管、灌注桩身混凝土

（1）一次清孔、终孔验收后，及时吊放钢筋笼，安放灌注导管。

（2）钢筋笼按照设计图纸在现场加工场内制作，主筋采用套筒连接，箍筋与主筋间采用人工点焊，本项目钢筋笼长 14m，一次性制作完成；钢筋笼制作验收完成后，采用吊车吊放；吊装钢筋笼时对准孔位，吊直扶稳，缓慢下放。

图 3.4-25 桩身混凝土灌注

（3）本项目桩径较大，采用直径 288mm 灌注导管；下导管前，对每节导管进行详细检查，第一次使用时进行密封水压试验。

（4）本项目采用 C35 水下混凝土，在灌注前、气举反循环二次清孔结束后，安装容量 2m³ 的初灌料斗，盖好密封挡板，混凝土装满初罐料斗后提拉料斗下盖板，料斗内混凝土灌入孔内，同步混凝土罐车及时向料斗内补充混凝土，保证混凝土初灌埋管深度在 0.8m 以上。桩身混凝土初灌见图 3.4-25。

（5）在混凝土灌注过程中，经常用测绳检测混凝土上升高度，适时提升拆卸导管，导管埋深控制在 2～6m，严禁将导管底端提出混凝土面；混凝土灌注保持连续进行，以免发生堵管；设专人测量导管埋深及管外混凝土面的标高，随时掌握每根桩混凝土的浇筑量。

（6）考虑桩顶有一定的浮浆，采用"灌无忧"设备控制混凝土灌注至桩顶以上 1.0m 位置（插入钢管后，混凝土上浮至桩顶以上 1.0m，考虑钢管柱栓钉裹带浓泥浆，影响钢管柱与桩基础结合强度，浮浆按 1.0m 考虑），以保证桩顶混凝土强度；同时，又要避免超灌太多而造成浪费和增加大钢管结构柱安装浮力。测量混凝土超灌"灌无忧"设备见图 3.4-26。

图 3.4-26　灌无忧测超灌量

（7）采用初凝时间为 8～10h 的混凝土进行灌注，避免钢管结构柱安装过程中混凝土出现初凝而无法进行安装，造成废桩的风险，且确保钢管结构柱的安装、定位、固定在混凝土初凝前完成，确保施工质量。

**6. 钢管结构柱制作及起吊**

（1）钢管结构柱和工具柱均由具有钢结构制作资质的专业队伍承担制作。

（2）钢管结构柱起吊采用多点起吊法，采用 1 台 130t 履带式起重机作为主吊，1 台 75t 履带式起重机作为副吊，一次性整体抬吊，再利用主吊抬起至垂直。

钢管结构柱、定位环板加工制作见图 3.4-27，钢管结构柱起吊见图 3.4-28。

图 3.4-27　钢管、定位环板加工安装　　　图 3.4-28　钢管结构柱整体起吊

**7. 钢管结构柱下插至灌注桩混凝土面**

（1）在混凝土灌注完成后，立刻进行钢管结构柱的下插，尽可能缩短停待时间。

（2）采用吊车起吊安放钢管结构柱，利用钢管结构柱的自重进行下插，下插过程中对准孔位缓慢下放，吊装入孔见图 3.4-29。

（3）钢管结构柱下放至定位环板时，注意调节下放位置，保证定位环板顺利下放；下放至混凝土面后，由于混凝土阻力、钢管结构柱的浮力增加，下放逐步放缓直至钢管结构柱基本稳定不下沉。钢管结构柱定位环板入孔见图3.4-30。

图3.4-29　钢管结构柱起吊入孔　　　　图3.4-30　钢管结构柱定位环板起吊入孔

### 8. 振动夹下插钢管结构柱

（1）钢管结构柱下插至稳定不下沉状态后，采用单夹持振动夹辅助下沉。

（2）振动夹夹住钢管结构柱，利用振动夹的液压力继续施压下沉，把钢管结构柱逐步下压至调角耳板距离护筒顶50cm附近，停止施压，进行方位角、标高等调节。钢管结构柱振动夹下插见图3.4-31。

### 9. 钢管结构柱下插调节

（1）钢管结构柱的上部及下部已安装定位钢环板，钢管结构柱的中心点定位采用设置的定位钢环板定位，确保钢管结构柱与护筒的中心点定位、垂直度保持一致。

（2）钢管结构柱牛腿方向控制具体操作按两步进行：

图3.4-31　下插钢管柱至灌注桩混凝土面

第一步，将钢管结构柱吊立至孔口，基本对中后，开始缓慢下放，当调角耳板底部离护筒顶50cm时停止下放，使用两根钢管分别穿入耳板调角孔洞，人力（辅助挖机）撬动钢管转动钢管结构柱，对耳板立面轴线进行测量放线，使其牛腿方向、角度与设计牛腿角度基本吻合后，继续下放钢管结构柱。

第二步，粗调角度后，继续缓慢下放，当起吊耳板底部离护筒顶50cm时停止下放，使用两根钢管分别穿入起吊耳板调角孔洞，撬动钢管转动钢管结构柱，对起吊耳板立面轴

线进行测量放线，使其牛腿方向、角度与设计牛腿角度
完全吻合后，下放钢管结构柱，并穿杠固定钢管结构
柱，以此来控制钢管结构柱的牛腿角度。

钢管结构柱下插调节见图 3.4-32。

（3）钢管结构柱标高定位

因钢管结构柱上的工具柱顶高出地面，故可直接测
量柱顶标高，以此计算出各预埋件位置是否处于设计标
高。若有偏差，则调整孔口枕木承重平台标高，误差不
大于 5mm。钢管结构柱标高定位见图 3.4-33，钢管结构
柱标高复测见图 3.4-34。

**10. 钢管结构柱内灌注混凝土**

（1）为防止浇筑钢管结构柱内混凝土时触碰到钢管
结构柱，造成钢管结构柱的偏位，以及浇筑混凝土造成

图 3.4-32　钢管结构柱下插调节

钢管结构柱下沉，影响钢管最终定位的准确性，钢管结构柱完成安装后，待钢管结构柱桩
混凝土终凝达到 25%（约 24h）后，再对钢管结构柱内的混凝土进行浇筑。同时，安装完
成后，对桩孔周边 5m 范围内进行防护，防止各大型设备作业、行走时产生的振动影响钢
管结构柱的精度。

图 3.4-33　钢管结构柱标高定位

图 3.4-34　钢管柱标高复测

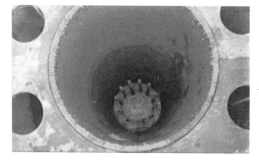

图 3.4-35　钢管结构柱内浇筑混凝土

（2）钢管结构柱内混凝土浇筑采用
φ180mm 导管进行浇筑，选用直径 50cm 小料
斗进行混凝土浇筑。混凝土一次性浇筑至设计
标高位置。具体见图 3.4-35。

**11. 孔内回填、起拔孔口钢护筒**

（1）空桩回填在钢管结构柱完成灌注后、
钢管底混凝土强度达 50% 后进行，采用挖机、
铲车回填中砂进行第一次回填。

（2）第一次回填完成后，使用全回转钻机

拔出护筒；护筒拔设完成后，再进行第二次回填。

### 3.4.8 材料与设备

#### 1. 材料

本工艺所使用的材料主要有钢筋、钢管、连接螺栓、混凝土、护臂泥浆、钢护筒、卸扣、钢丝绳、清水等。

#### 2. 设备

本工艺所涉及设备主要有全回转钻机、旋挖机、履带式起重机、单夹振动锤、全站仪等，详见表 3.4-1。

主要机械设备配置表　　　　　　　　　　表 3.4-1

| 序号 | 机械设备名称 | 型号、规格 | 数量 | 额定功率（kW） | 用途 |
|---|---|---|---|---|---|
| 1 | 旋挖机 | Sany365R | 1 | 柴油驱动 | 成孔、切除混凝土地面 |
| 2 | 履带式起重机 | 130t | 1 | 柴油驱动 | 立柱钢管和钢筋笼安装 |
| 3 | 全回转钻机 | DTR2005H | 1 | 30 | 护筒回转安放 |
| 4 | 履带式起重机 | 75t | 1 | 柴油驱动 | 吊运 |
| 5 | 泥浆泵 | BW-150 | 4 | 7.5 | 泥浆抽排、循环 |
| 6 | 空气压缩机 | VF9-12m³ | 1 | 22 | 气举反循环清孔 |
| 7 | 电焊机 | BX1-330 | 2 | 18 | 焊接、加工 |
| 8 | 混凝土灌注导管 | $\phi$288mm | 2 | — | 立柱桩混凝土灌注 |
| 9 | 混凝土灌注导管 | $\phi$180mm | 2 | — | 钢管结构柱混凝土浇筑 |
| 10 | 装载机 | 徐工 300F | 1 | 柴油驱动 | 场内倒运渣土 |
| 11 | 挖机 | PC200 | 1 | 柴油驱动 | 挖土 |
| 12 | 单夹振动锤 | Cat2045Ⅱ | 1 | 柴油驱动 | 钢管安装 |
| 13 | 全站仪 | WILD-TC16W | 1 | — | 测量定位 |
| 14 | 水准仪 | DS3 | 1 | — | 测量定位 |
| 15 | 超声波测壁仪 | DM-604R | 1 | — | 测量孔壁垂直度 |
| 16 | 灌无忧 | CSZiot | 1 | — | 桩顶混凝土灌注标高控制 |

### 3.4.9 质量控制

#### 1. 钢管结构柱中心线

（1）现场测量定位出桩位中心点后，采用十字交叉法引出桩中心点，并做好保护，以利于恢复桩位使用。

（2）旋挖钻机埋设孔口护筒引孔时，钻进前对准桩位、测量钻头各个方向与桩中心点的距离是否相等，出现偏差及时调整。

（3）全回钻钻机定位平台放置前，保证场地平整压实。

（4）定位环板制作和安装经复核无误后方可使用。

#### 2. 钢管结构柱水平线

（1）钢管结构柱下放到位后，在工具柱顶选 4 个点对标高进行复测，误差不大于 5mm。

（2）混凝土初凝时间按 24h 缓凝设计，以避免钢管结构柱下插到位前桩身混凝土初凝，使得钢管结构柱无法下插至桩身混凝土内预定位置。

（3）钢管结构柱下放过程中，如浮力过大，可向钢管结构柱内持续注水增加钢管结构柱自重，从而克服混凝土产生的巨大上浮力，保证钢管结构柱下放到位。

### 3. 钢管结构柱方位角

（1）工具柱顶方位角定位线与腹板位置对齐，工具柱侧的定位线标记清晰、准确。

（2）夜间采用激光仪放线，确定桩位中心点、方位角定位点、已知测设点和校核点四点位于同一直线上，确保钢管结构柱下放方向正确。

## 3.4.10　安全措施

### 1. 全回转、旋挖机作业

（1）旋挖机、全回转钻机由持证专业人员操作。

（2）旋挖机、全回转钻机施工时，严禁无关人员在履带式起重机施工半径内。

（3）套管接长和钢筋笼吊装操作时，指派专人现场指挥。

（4）在全回转钻机上设置安全护栏，确保平台上作业人员的安全。

（5）每天班前对设备的钢丝绳、液压系统进行检查，对不合格钢丝绳及时进行更换，保持油压系统通畅。

### 2. 吊装作业

（1）吊装严格按照十不吊原则进行作业。

（2）吊装作业前，将施工现场起吊范围内的无关人员清理出场，起重臂下及作业影响范围内严禁站人。

（3）钢管结构柱吊装时，由司索工指挥吊装作业，控制好吊放高度，严禁碰撞。

# 第4章 逆作法结构柱先插法施工新技术

## 4.1 旋挖扩底与先插钢管柱组合结构全回转定位施工技术

### 4.1.1 引言

在基坑支护工程中，钢管柱不仅作为临时支撑柱，当基坑采用逆作法施工时也作为永久承载结构使用。作为永久承载结构时，通常将钢管柱插入地下室基础灌注桩顶一定深度，形成钢管柱与灌注桩组合结构。钻孔灌注桩作为钢管柱的下部结构，其承载能力决定整个上部结构的承受能力；为提高灌注桩的承载力，通常桩端持力层需进入岩层中。而当场地上部覆盖土层超厚（大于60m）时，灌注桩持力层进入岩层时往往钻孔超深，使得钻进成孔、清孔、灌注成桩难度大，造成钻进时间长、成桩质量难保证、综合成本高。

2019年9月，福州4号线第1标段土建4工区车站基坑支护工程开工，设计采用灌注桩＋钢管柱组合结构，基坑深度22.1m，设计底部灌注桩桩径1000mm，钢管结构柱直径600mm，钢管柱插入灌注桩内5m，采用逆作先插法施工。该项目场地处于海陆交互相冲淤平原地貌，桩端持力层进入碎块状强风化岩孔后孔深至少约70m。为保证灌注桩成桩质量，保障钢管结构桩的施工精度，项目优化采取直径2m扩底灌注桩，桩端持力层选择为土状强风化岩，桩承载力比非扩底桩提高近4倍，孔深大大减小，成孔、成桩质量更为可靠；同时，采用可调节螺杆式平台实施钢管柱与工具柱现场对接，确保对接精度满足设计要求；另外，采用全回转钻机精准定位，实现了既能节约工程成本，又能达到施工精度的要求，取得了显著成效。

### 4.1.2 工艺特点

#### 1. 施工效率高

本工艺通过专用扩底钻头进行扩底，在相同承载力要求下，基础桩持力层由块状强风化改为土状强风化，减少基础桩的工程量，提高成孔效率；采用全回转钻机进行钢管柱定位，快捷精准，大大提升了施工效率。

#### 2. 定位精度高

本工艺采用螺杆手动调节升降平台实施工具柱与钢管柱的现场对接，可快速完成对接时垂直度的调节，操作方便，定位准确；根据两点定位的原理，通过全回转钻机平台自身的液压定位装置和垂直液压系统，交替进行钢管柱的抱紧下插作业，在保证平台定位和水平精度情况下将钢管柱精确下放到设计位置，实现高精度定位。

#### 3. 综合成本低

本工艺中的灌注桩采用扩底设计，大大提升了桩身承载力，有效缩小成孔深度，提高了工效，灌注桩成孔、成桩安全可靠，整体施工过程综合成本低。

### 4.1.3　适用范围

适用于岩层埋深较深、桩端持力层为强风化的扩底灌注桩施工和钢管结构柱先插法定位施工。

### 4.1.4　工艺原理

本工艺所述的基坑逆作法旋挖扩底与先插钢管柱组合结构全回转定位施工方法，主要由旋挖扩底、柱对接平台和全回转钻机定位三项关键技术组合而成。

#### 1. 旋挖扩底施工

钻孔扩底灌注桩在直孔段钻孔达到设计持力层后，换用专用扩底钻头将孔底段直径扩大，则桩的极限承载力比没有扩大头的灌注桩的极限承载力有较大幅度的增长，若工程设计要求桩身直径扩大 2 倍，桩的极限承载力将为非扩大头桩极限承载力的 4 倍。

土层采用普通旋挖钻斗取土钻进，钻至设计标高后，更换扩底钻头进行扩底段成孔，先进行扩底段上部斜面扩底钻进，然后进行扩底段下部立面钻进，具体见图 4.1-1、图 4.1-2。

图 4.1-1　扩底段上部扩底　　　图 4.1-2　扩底段下部扩底

#### 2. 工具柱与钢管柱对接

工具柱与钢管柱对接利用现场设置的对接平台施工，平台采用手动丝杆升降架按 4.5m 间距设置，对接时通过手动调节丝杆升降架来实现钢管柱和工具柱的水平位置的调整。手动丝杆升降架包括可调节的活动螺栓和工字钢支撑架。手动丝杆升降架见图 4.1-3，对接平台见图 4.1-4，可调节的活动螺栓见图 4.1-5。

图 4.1-3　手动丝杆升降架　　　图 4.1-4　工具柱与钢管柱平台对接

### 3. 全回转钻机定位

（1）定位原理

全回转钻机垂直方向设置定位块夹紧装置，根据两点确定一条直线原理，在全回转钻机下方安放带有夹紧定位块的定位平衡板，通过调节上下两层定位块夹紧装置可保证钢管柱竖向的精确度，全回转钻机定位原理见图 4.1-6。

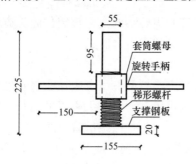

图 4.1-5　升降架可调节的活动螺栓　　图 4.1-6　全回转钻机钢管柱定位原理

图 4.1-7　全回转钻机、定位平衡板钢管安放原理

（2）钢管柱安放原理

全回转钻机主夹（楔形夹紧装置）夹紧钢管柱，利用主夹缓缓下放钢管柱，当到达一个行程后，下部安放的定位平衡板夹紧钢管柱，主夹松开，主夹上升至原先位置，如此反复，直至将钢管柱下放到设计标高，原理见图 4.1-7。

## 4.1.5　施工工艺流程

旋挖扩底钻进与先插钢管柱组合结构全回转定位施工工艺流程见图 4.1-8。

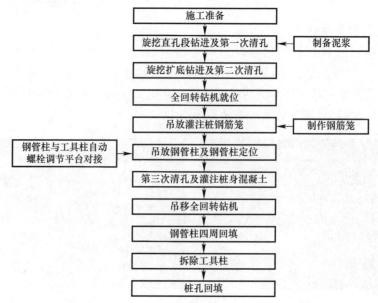

图 4.1-8　逆作法旋挖扩底与先插钢管柱组合结构全回转定位施工工艺流程图

#### 4.1.6　工序操作要点

**1. 施工准备**

（1）清理场地，对桩孔周围和钢管柱加工场进行硬化处理，具体见图 4.1-9。

（2）机械设备按照施工安排进场，钢管柱、工具柱、钢筋等按计划进场和场地规划堆放。

（3）根据桩位平面设计图坐标、高程控制点标高进行桩孔放线定位，施工放样测量确定灌注桩桩位中心点后做好标识，具体桩位放样见图 4.1-10。

图 4.1-9　硬地化场地　　　　　　图 4.1-10　桩位放样

（4）根据十字交叉定位方法，以 4 个控制桩为基准埋设钢护筒；护筒高出地面 300mm，并利用 4 个控制桩复核护筒中心点；护筒固定复测桩位无误后，用黏土分层回填夯实，以保证其垂直度和防止泥浆流失及位移、掉落。孔口护筒埋设见图 4.1-11，护筒桩位偏差及垂直度测量见图 4.1-12。

图 4.1-11　埋设护筒　　　　　　图 4.1-12　护筒中心点复核

**2. 制备泥浆、旋挖直孔段钻进及第一次清孔**

（1）在桩位复核正确、护筒埋设符合要求后，旋挖钻机就位准确后开始钻进，旋挖钻头钻进前定位见图 4.1-13。

（2）旋挖机自身带有孔深和垂直度监测系统，钻孔作业过程中实时关注钻孔深度和垂直度等控制指标，如有偏差及时调整纠偏。

（3）旋挖直孔段钻进采用旋挖钻斗取土钻进，钻进时调配好泥浆参数，保证泥浆护壁效果；钻进至设计桩底标高后终孔，并用平底捞渣钻头进行第一次清孔。旋挖直孔段钻进见图 4.1-14。

图 4.1-13　旋挖钻头中心点定位　　　　　　图 4.1-14　旋挖直孔段钻进

### 3. 旋挖扩底钻进及第二次清孔

（1）直孔段钻进至设计标高后，更换扩底钻头进行扩底段钻进，先进行扩底段上部挖掘，然后进行扩底段下部挖掘，旋挖扩底钻头见图 4.1-15。

图 4.1-15　旋挖扩底钻头

（2）扩底钻进时，先将扩底钻头下放至孔底扩孔位置，然后进行慢速旋转并加压，使扩底钻头缓慢张开并进行扩底作业；扩底钻头完全张开后扩底完成，在原位不加压快速旋转10min 后停止旋转，缓慢匀速提出钻头。

（3）扩底完成后，进行第二次捞渣清孔；清孔时，换专用的捞渣平底钻头安装捞砂钻头将扩底段钻渣进行清除；如有必要可更换扩底钻头进行扩底位置扫孔，再换捞渣钻头捞渣，反复数次直至将沉渣清除。

（4）清孔完成后进行终孔验收，各项指标达到设计要求后，做好资料记录，现场终孔后孔深测量验收见图 4.1-16。

图 4.1-16　终孔验收

**4. 全回转钻机就位**

（1）全回转钻机就位前，吊放定位平衡板，具体见图 4.1-7。

图 4.1-17　吊放定位平衡板

（2）将定位平衡板吊放至护筒上方后，根据"双层双向定位"原理，调节定位平衡板，使平衡板中心点引出的铅垂线与护筒引出的桩位中心点重合，此时即可保证定位平衡板和桩中心点位重合，并用全站仪对平衡板中心点位进行复核，平衡板定位见图 4.1-18。

（3）定位平衡板定位后，将全回转钻机吊放在平衡板设置的定位圆弧内，精确对中后校核钻机的水平度。平衡板定位圆弧及全回转钻机吊放就位见图 4.1-19。

**5. 制作钢筋笼**

（1）将支撑架按 5m 间距摆放在同一水平面上对准中心线，然后将配好定长的主筋平直摆放在焊接支撑架上，将箍筋按设计要求套入主筋并保持与主筋垂直进行点焊。

图 4.1-18　定位平衡板与护筒定位

图 4.1-19　全回转钻机就位于平衡板定位圆弧内

图 4.1-20　钢筋笼

（2）箍筋与主筋焊好后，将绕筋按规定间距绕于其上并满焊固定；钢筋笼制作完成后，会同监理工程师进行隐蔽验收并做好记录。现场制作好的钢筋笼见图 4.1-20。

**6. 吊放灌注桩钢筋笼**

（1）钢筋笼吊放采用 100t 履带式起重机为主副钩同时起吊，设置 4 个起吊点，以保证钢筋笼在起吊时不变形。

（2）吊放钢筋笼入孔时对准孔位，保持垂直，轻缓入孔，不得左右旋转。

（3）下放钢筋笼时技术人员现场旁站，现场测量护筒顶标高，并准确计算吊筋长度，以控制钢筋笼的桩顶标高。钢筋笼现场吊装见图 4.1-21。

图 4.1-21　钢筋笼现场吊放

**7. 钢管柱与工具柱自动螺栓调节平台对接**

（1）对接施工场地上布置等间距 4.5m 的对接螺栓升降架，共 6 个，定位在同一水平面上，自动螺栓调节架见图 4.1-22。

（2）对各升降架顶标高进行校平后，采用吊车分别将对接的钢管柱、工具柱吊放至对接架上，并采用螺栓连接固定，具体见图 4.1-23。

图 4.1-22　钢管柱和工具柱现场对接升降架

图 4.1-23　现场对接钢管柱可调节操作平台

（3）在对接过程中，利用水准仪进行校平，并根据测量人员的校核结果，旋转自动升降架的工字钢支撑架两端的手动螺杆升降架手柄，确保对接精度。测量工程师现场对接校核见图 4.1-24。

**8. 吊放钢管柱及钢管柱定位**

（1）钢管结构柱起吊前，在工具柱顶部的水平板上安置倾角传感器。倾角传感器通过连接倾斜显示仪，能够监测钢管结构柱下插过程的垂直度，其控制精度可达到 0.01°，倾角传感器和倾斜显示仪见图 4.1-25。

图 4.1-24　对接后测量顶标高

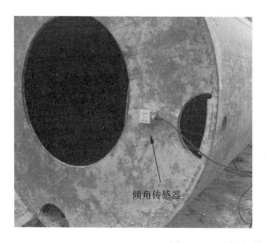

图 4.1-25　倾角传感器和倾斜显示仪

（2）钢管柱采用双机侧式抬吊，主吊和副吊置于钢筋笼同一侧边，主、副吊使用120t和50t履带式起重机作业，具体吊装见图4.1-26。

图4.1-26　钢立柱起吊

（3）钢管柱起吊后穿过全回转钻机中心，入孔至设计灌注桩顶面上方50cm的位置后，用测斜仪（测量精度<0.1%）对钢管柱进行垂直度校准，同步使用HCR-1500全回转钻机和定位平衡板进行精确微调，以保证钢管柱的垂直度；然后，再用全回转钻机自带的上夹持装置抱紧钢管柱，定位平衡板夹持装置松开开始安装，一个行程后使用下夹持装置对钢管柱进行夹持固定，松开全回转的上夹持器，全回转钻机回升复位，然后交替作业将钢管柱安装到位。具体见图4.1-27。

（4）钢管柱定位过程中，全过程采用测量仪器测量钢管柱的垂直度和水平标高，同步观察测斜仪显示的精度，满足设计精度要求后用全回转钻机将钢管桩固定。测斜仪测控具体见图4.1-28。

图4.1-27　全回旋钻机安放钢管柱　　　　图4.1-28　测斜仪显示屏

**9. 第三次清孔及灌注桩身混凝土**

（1）在钢管柱下放完成、灌注混凝土之前，安放灌注导管，并利用导管进行第三次清孔，清孔采用气举反循环，清孔过程实时检测泥浆指标。

（2）清孔满足要求后实施灌注，根据灌注桩扩底段的直径及深度，选择直径为 300mm 导管灌注混凝土。

（3）初灌采用 3m³ 大料斗进行，保证初灌的导管埋深不小于 1m。

（4）灌注过程中，定期测量导管的混凝土埋管深度，根据埋管情况拔除导管，始终保持导管埋管不超过 4m；在混凝土灌注至钢管结构柱顶断面并超灌 800mm 后停止灌注。现场桩身混凝土灌注见图 4.1-29。

图 4.1-29　灌注桩身混凝土

**10. 吊移全回转钻机**

（1）灌注完成后，待混凝土终凝达到设计强度，用吊车将全回转钻机调离孔位。

（2）起吊前松开主夹（楔形夹紧装置），下部定位平衡板夹紧装置夹紧。

（3）起吊过程中设专业指挥人员，避免起吊过程中碰撞工具柱。

**11. 钢管柱四周回填**

（1）全回转钻机调离后，定位平衡板夹紧装置松开，在定位平衡板上对钢管柱外侧进行回填，回填材料选用级配碎石。

（2）回填过程采用铲运车将碎石运送至孔口附近，采用机械或人工回填；回填按照工具柱四周位置均匀分层回填，回填至工具柱底部位置。具体见图 4.1-30。

图 4.1-30　回填级配碎石

**12. 拆除工具柱**

（1）采用泥浆泵将工具柱内的泥浆抽空，露出钢管柱和工具柱衔接位置。

（2）泥浆抽空后，安排专人下至工具柱底拆除对接螺栓；拆除前，往工具柱内送风，再采用氧气气割将工具柱和钢管柱的连接螺栓拆除。

（3）拆除完成后，将工具柱吊出。

### 13. 桩孔回填

（1）全回转钻机平衡板吊移后，采用碎石、水泥土或砖渣等将桩孔空孔段回填。

（2）回填过程中，采用泥浆泵及时将剩余泥浆进行回收利用，严禁泥浆随意流淌，污染环境。

（3）回填完成后，采用挖机进行碾压平整并做好警示标志，防止大型机械进入，造成安全事故。

#### 4.1.7 材料与设备

##### 1. 材料

本工艺所使用的材料主要有钢护筒、工字钢、焊条、钢筋。

##### 2. 设备

本工艺涉及机具、设备主要有旋挖钻机、全回转钻机、定位平衡板、起重机等，具体见表4.1-1。

主要机械、设备配置表　　　　　　　　　　表 4.1-1

| 设备名称 | 型号 | 数量 | 备注 |
|---|---|---|---|
| 旋挖钻机 | SR365 | 1台 | 孔位钻进 |
| 扩底钻头 | 扩底直径2m | 1个 | 扩底 |
| 全回转钻机 | HCR-1500E | 1台 | 定位、作业 |
| 定位平衡板 | 直径1500mm | 1个 | 定位 |
| 履带式起重机 | 50t、120t | 2台 | 吊装 |
| 灌注导管 | 外径300mm | 120m | 灌注桩身混凝土 |
| 灌注斗 | 3m³ | 1个 | 初灌斗 |
| 全站仪 | ES-600G | 1台 | 桩位放样、垂直度观测 |
| 电焊机 | NBC-250 | 3台 | 焊接、加工 |
| 铲车 | 500C | 1台 | 回填 |

#### 4.1.8 质量控制

##### 1. 质量控制标准

旋挖灌注桩施工质量和钢管柱安装质量控制标准见表4.1-2、表4.1-3。

旋挖灌注桩施工检验标准　　　　　　　　　　表 4.1-2

| 序号 | 检查项目 | 允许偏差 |
|---|---|---|
| 1 | 护筒中心允许偏差 | ±50mm |
| 2 | 垂直度允许偏差 | <1% |
| 3 | 桩径允许偏差 | ±50mm |
| 4 | 桩身垂直度允许偏差 | <1% |
| 5 | 桩位允许偏差 | $D/6$，且不大于50mm |

钢管柱误差控制标准　　　　　　　　　　表 4.1-3

| 序号 | 检查项目 | 允许偏差 |
|---|---|---|
| 1 | 立柱中心线和基础中心线 | ±5mm |
| 2 | 立柱顶面标高和设计标高 | +0mm，−20mm |
| 3 | 立柱顶面不平整度 | ±5mm |

| 序号 | 检查项目 | 允许偏差 |
|---|---|---|
| 4 | 立柱不垂直度 | 长度的 1/1000，最大不大于 15mm |
| 5 | 各柱间距离允许偏差 | 间距的 1/1000，且不大于 7mm |
| 6 | 立柱上下两平面相应对角线差 | 长度的 1/1000，最大不大于 20mm |

**2. 灌注桩成孔、清孔**

（1）桩位放样后认真复核并作保护措施，在成孔过程和成孔后复核桩孔中心的准确性。

（2）成孔前检查扩底钻头的规格型号。

（3）成孔终孔后，对孔深、孔径、垂直度进行检查，符合要求后进入下道工序。

（4）灌注水下混凝土前，检查孔底沉渣厚度，符合设计、规范要求后方可灌注水下混凝土。

**3. 钢管柱吊放**

（1）全回转钻机就位后，使用定点式水平位移计对全回转钻机进行水平调整和精确对位，同时复测平台的水平度，确保插桩平台、桩位点、全回旋钻机中心点 3 点共线。

（2）使用履带式起重机主吊和履带式起重机副吊对钢管柱进行抬吊，钢管柱起吊后穿过全回转钻机和插桩平台中心下放至混凝土上方 50cm 的位置，钢管柱在安放过程中缓慢放置，避免触碰钻机平台。

**4. 桩身混凝土灌注**

（1）混凝土坍落度符合要求，混凝土无离析现象，运输过程中严禁任意加水。

（2）导管连接严格密封，下放导管时管口与孔底距离控制在 0.3～0.5m。

（3）混凝土初灌量保证导管底部一次性埋入混凝土内 0.8m 以上。

（4）混凝土灌注连续不断地进行，及时测量孔内混凝土面高度，以指导导管的提升和拆除。

**5. 钢管结构柱定位**

（1）为了保证拼接质量，钢管结构柱与工具柱在专用的加工操作平台上对接。

（2）钢筋笼和钢管结构柱吊装前，对操作人员进行安全技术交底，吊装时安排信号司索工进行指挥，采用双机抬吊法起吊。

（3）工具柱顶部水平板上安装倾角传感器，钢管结构柱安放过程中通过显示仪上的数据监控钢管结构柱的垂直度。

### 4.1.9　安全措施

**1. 焊接与切割作业**

（1）现场加工制作焊接由专业电焊工操作，正确佩戴安全防护罩。

（2）氧气、乙炔罐分开摆放放置，切割作业由持证专业人员进行。

**2. 平台吊装**

（1）对接平台吊装前，将平台场地平整、加固，防止平台就位后发生下沉。

（2）现场吊车起吊对接平台时，派专门的司索工指挥吊装作业，无关人员撤离影响半径范围，吊装区域设置安全隔离带。

（3）作业中发现定位平台沉降或歪斜时，及时调整平台位置。

### 3. 钢筋笼制作与吊放

（1）钢筋加工过程中，不随意抛掷钢筋，制作完成的节段钢筋笼移动前检查移动方向是否有人，防止伤人。

（2）起吊钢筋笼时，其总重量不得超过起重机额定的起重量，并根据笼重和提升高度，调整起重臂长度和仰角，并计算吊索和笼体本身的高度，留出适当空间。

### 4. 混凝土灌注

（1）灌注混凝土桩时，灌注作业板、孔口灌注架铺设在定位平台的中心区域，保持稳固的作业工作面。

（2）灌注混凝土时，吊具稳固、可靠，起拔导管由专人指挥并按指定位置堆放。

（3）桩身混凝土灌注时，操作人员在平台上登高作业，注意做好安全防护。

## 4.2　低净空基坑逆作法钢管柱先插定位施工技术

### 4.2.1　引言

逆作法钢管柱先插施工通常是采用全回转钻机成孔，终孔后利用全回转钻机作为操作平台安放钢筋笼、钢管柱，并利用全回转钻机的抱箍固定并下放钢管柱至设计标高，期间通过经纬仪及测斜仪调整钢管柱垂直度，最后进行桩身混凝土灌注成桩。

但随着城市的快速发展，施工环境越来越复杂，在低净空限制条件下，使用全回转钻机难以满足钢管柱安装的净空要求。

以福州市城市轨道交通 4 号线东街口站工程为例，在东百廊桥下存在 9 根临时立柱桩，设计桩长 53m，桩径 1.6m，作业净空限制为 9m。为解决低净空逆作法钢管柱安装施工问题，结合项目实际条件及施工特点，项目组对"低净空基坑逆作法钢管柱先插定位施工技术"进行了研究，通过采用普通的冲击钻机成孔，而后吊放专用插桩平台至孔位，利用起重机及插桩平台分短节安放钢筋笼、钢管柱及工具柱，使用插桩平台定位块对钢管柱及工具柱进行对中固定，采用测斜仪与经纬仪监测垂直度，待其垂直度达到标准后在平台上进行混凝土灌注成桩，从而完成在低净空环境下的钢管柱先插安装施工。

### 4.2.2　工程实例

#### 1. 工程概况

东街口站是福州市轨道交通 4 号线工程第 8 个车站，与 1 号线十字换乘，车站位于鼓楼区杨桥东路与八一七北路交叉口，本站为地下三层岛式车站，框架结构，场地地面整平标高为 8.000～8.500m，车站总长 153m，标准段宽 21.9m，车站中心线处轨底埋深约 23.45m（标高为 −15.300m），车站小里程端端头井埋深约 25.00m（标高为 −16.850m），顶板覆土厚度约 3m。车站基础旋挖桩共计 31 根，桩径 1.6m，其中东百廊桥下临时立柱桩 9 根，天桥净高 9m，东百廊桥周边现场环境条件见图 4.2-1。

#### 2. 场地地层分布情况

根据地勘资料，该场区地层自上而下为：填土层、粉质黏土、淤泥、粗中砂、淤泥质土、粉质黏土、粗砂、卵石、淤泥质土、残积砂质黏性土、全风化花岗岩、强风化花岗岩，桩端持力层为砂土状强风化花岗岩。

### 3. 先插钢管结构柱设计

本项目低净空钢管立柱直径 600mm，插入底部灌注桩顶 6m，采用先插法施工。

### 4. 现场施工

本项目现场施工采用低净空冲孔桩机成孔，利用插桩平台定位，钢筋笼、钢管柱、工具桩均采用短节制作和吊装，钢管柱定位时采用插桩平台配置不同尺寸的定位块固定中心，在柱顶设置测斜仪，并配合全站仪同步监测控制垂直度，达到定位速度快、精度高的效果。

施工现场见图 4.2-2，钢管柱吊装及定位见图 4.2-3。

图 4.2-1　天桥周边现场环境条件图

图 4.2-2　低净空钢管柱定位施工现场

图 4.2-3　钢管柱吊装及定位

### 5. 现场检测

基坑开挖后，采用抽芯、超声波检测等对灌注桩进行了现场检测，桩身完整性、孔底沉渣、混凝土强度、钢管柱垂直度等全部满足设计及规范要求。

## 4.2.3　工艺特点

### 1. 操作便捷

本工艺采用的插桩平台体积小、重量轻，通过定位块对中固定钢管柱及工具柱，通过调节支腿高度调整垂直度，现场操作便捷。

### 2. 安全可靠

本工艺采用冲击钻机成孔及汽车式起重机进行钢管柱分节吊装，工艺成熟，对廊桥不产生影响，在复杂环境、净空高度受到限制情况下施工安全、可靠。

### 3. 施工成本低

采用本工艺进行钢管柱施工，操作中不使用特殊设备，无须对复杂的周边环境进行改造，总体施工效率高，综合成本低。

### 4. 控制精度高

本工艺采用插桩平台、经纬仪、测斜仪等设备仪器严格控制钢管结构柱安装，使钢管结构柱垂直度满足设计要求，控制精度高。

#### 4.2.4 适用范围

适用于在9m低净空环境下由冲击钻机成孔的钢管柱施工。

#### 4.2.5 工艺原理

本工艺是在9m低净空环境下利用冲击钻机成孔，在灌注混凝土前利用汽车式起重机及插桩平台进行钢筋笼、钢管柱及工具柱分节吊装并连接，在分节的钢管柱连接过程中，用测斜仪与经纬仪对其进行垂直度的校对，并通过调直措施将其调直，然后开始下一节钢管柱的焊接或螺栓连接；当所有钢管柱和工具柱安装完成并下放至指定标高时，用插桩平台定位块对工具柱整体进行对中固定，调节插桩平台支腿高度进行垂直度调整，在垂直度达到设计要求后，灌注混凝土成桩。

图 4.2-4 低净穿空下冲击桩机施工

本工艺关键技术包括一是采用低净空设备作业，二是分短节吊装钢筋笼、钢管柱、工具柱，三是钢筋笼、钢管柱、工具柱中心点和垂直度综合定位。

### 1. 低净空设备作业

（1）冲击钻机

本工艺采用冲击钻机成孔，根据桩径和净空高度选择 CK2000 冲孔桩机，钻机施工高度7m，可满足9m限高环境下的成孔施工。低净空下冲孔桩机施工见图4.2-4。

（2）插桩平台

选用设备高度小的多功能插桩平台作业，插桩平台长 4.2m、宽 3.3m、高 1m，其极低的高度可为钢筋笼和钢管柱的长度提供长度空间。插桩平台通过设置的4块定位块，并通过液压系统对定位块进行调节，或通过调换不同大小或直径的定位块，以满足对不同直径的钢筋笼、钢管柱或工具柱的定位，插桩平台见图4.2-5。

### 2. 分短节吊装

本项目采用50t汽车式起重机吊装，施工安全计算重点考虑以下两方面因素，一是汽车式起重机额定起重荷载满足起吊钢筋笼、钢管柱与工具柱全部重量的要求，二是汽车起吊高度不得高于天桥至地面净高度9m。

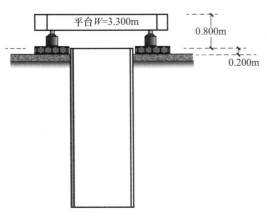

图 4.2-5　插桩平台

根据本工程施工特点及汽车起重机性能参数，本工程选用三一 STC500S 汽车式起重机，最大额定起重量为 50t。本方案吊装时取主臂长 11.3m、工作幅度不大于 9m，额定起重重量 17.5t 进行计算。吊具重量取 1.2t，钢管柱、工具柱及钢筋笼重量分别为 8.04t、4.23t 及 2.83t，完全起吊重量合计为 16.3t＜17.5t。起重机理论吊装高度为 8.63m，减去平台高度 1m 及钢筋笼或钢管柱上部吊点到吊车滑轮距离 2m，所得钢筋笼、钢管柱及工具柱单节长度不得大于 5.63m。所使用的设备能力，经验算后能满足低净空作业要求。

**3. 中心点、垂直度定位**

本项目先插法安装过程中，涉及钢筋笼、钢管柱、工具柱的中心点定位和垂直度控制。

（1）中心点定位原理

由于钢筋笼、钢管柱、工具柱的直径不同，在先后安放过程中，均通过插桩平台进行有效控制，其通过插桩平台上设置的定位块对钢筋笼、钢管柱及工具柱进行对中固定。

插桩平台自带的三组定位块，内径 1500mm，对直径 1460mm 的钢筋笼起对中和固定作用，具体见图 4.2-6；在下入直径 600mm 的钢管柱时，在平台自带定位块的基础上，加放了三组调节定位块，放置在自带定位块上通过钢丝穿孔绑扎固定即可，使内径由 1500mm 变为 600mm，并通过液压系统对钢管柱起对中固定作用，具体见图 4.2-7；在下

图 4.2-6　钢筋笼中心点平台定位块定位　　　　图 4.2-7　钢管柱中心调节定位块定位

图 4.2-8 工具柱中心点更换调节定位块定位

入直径 1230mm 工具柱时，更换小的调节定位块，使定位内径改变为 1230mm，以对工具柱起对中固定作用，具体见图 4.2-8。

（2）垂直度控制原理

本工艺在钻孔成孔后，先下放底部灌注桩桩身钢筋笼，钢筋笼顶部与钢管柱底部焊接连接，随后钢管柱与钢管柱、钢管柱与工具柱进行对接。吊装时，预先将测斜仪安装在每一节钢管柱和工具柱顶部（图 4.2-9），起吊钢管柱、工具柱时通过其本身的自重慢慢下放，下放至指定位置后，测量员采用经纬仪（图 4.2-10）和钢管柱调直过程中测斜仪显示的误差数据，判断钢管柱或工具

柱的垂直情况。如出现偏差超标，则通过平台支腿调整钢管柱水平，直至定位精度满足要求，具体见图 4.2-11；定位完成后，采用插桩平台将柱固定并进行焊接或螺栓对接，并将测斜仪取出安装在下一节钢管柱或工具柱上，重复以上操作，直至最后一节工具柱安装完成。

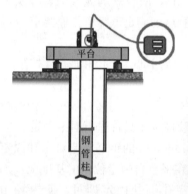

图 4.2-9 柱顶部安装垂直度测斜仪

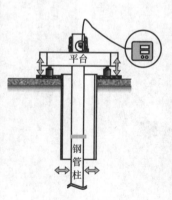

图 4.2-10 经纬仪监测柱垂直度　　图 4.2-11 通过平台支腿调整钢管柱垂直度

## 4.2.6　施工工艺流程

低净空基坑逆作法钢管柱先插施工工艺流程见图 4.2-12。

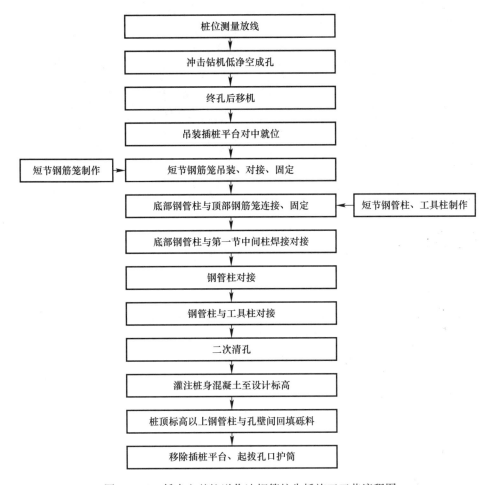

图 4.2-12　低净空基坑逆作法钢管柱先插施工工艺流程图

## 4.2.7　工序操作要点

### 1. 桩位测量放线

（1）依照施工图测放出钢管桩孔位，做出明显标记。

（2）依据桩位，判明低净空及周边环境条件，安排合适的钻机、吊车站位等，并合理布置泥浆循环系统。

（3）桩位测量定位后报监理工程师复核。

### 2. 冲击钻机低净空成孔

（1）本工程净空高度仅 9m，采用设备高度较低的冲击钻机成孔与护筒护壁，护筒直径 1800mm，长 2m，高出地面 30cm。

（2）冲击成孔采用正循环钻进，配套设置泥浆池、循环沟。冲击钻机见图 4.2-13。

图 4.2-13　冲击钻机

（3）冲击钻机成孔过程中，采用低锤密击，严格控制泥浆密度，每钻进 2m 左右检查一次孔位垂直度，如发现偏斜立即停止施工并采取措施纠偏，直至达到设计深度，并与监理、业主等单位进行终孔验收。

**3. 终孔后移机**

（1）冲击成孔至设计孔深后，及时采用泥浆正循环进行清孔。

（2）清孔完成后，用汽车式起重机将冲击钻机吊离孔位。

（3）用经纬仪复核桩位中心点和护筒顶面标高，并做好十字线标记，具体见图 4.2-14。

**4. 吊装插桩平台对中就位**

（1）采用 50t 汽车式起重机起吊插桩平台，吊钩下采用 4 根钢丝绳起吊插桩平台四角，缓慢起吊，调离地面 50cm 后，汽车式起重机臂旋转，将插桩平台吊装至护筒正上方并下放。现场吊装插桩平台见图 4.2-15。

图 4.2-14　冲击钻移机后复测桩位　　　图 4.2-15　插桩平台现场起吊

（2）在插桩平台上用十字线将平台的中心确定，在插桩平台中心点处安装铅垂线，通过吊车起吊对插桩平台位置进行调整，将插桩平台中心调整至与桩心同时处于铅垂线上，进行双层双中心对齐。插桩平台中心点定位见图 4.2-16。

图 4.2-16　插桩平台双层双中心对中定位

**5. 短节钢筋笼制作**

（1）钢筋笼按设计图纸现场加工制作，主筋同一截面上的接头率为 50%，主筋接头错开且间距 1m，钢筋笼制作完成后进行现场验收。

（2）按设计要求，钢筋笼全长 26.68m，为满足低净空作业需求，安排分 6 节吊装。具体分节情况见表 4.2-1、表 4.2-2。

钢筋笼概况表　　表 4.2-1

| 数量（根） | 钢筋笼长度（m） | 钢筋笼直径（m） | 钢筋笼重量（t） | 吊装方式 |
|---|---|---|---|---|
| 9 | 26.68 | 1.46 | 2.8 | 分节吊装 |

钢筋笼分节表　　表 4.2-2

| 钢筋笼全长 | 第一节底笼 | 第二节中间笼 | 第三节中间笼 | 第四节中间笼 | 第五节中间笼 | 第六节顶笼 |
|---|---|---|---|---|---|---|
| 26.68m | 5.50m | 4.50m | 4.50m | 4.50m | 4.50m | 4.18m |

**6. 短节钢筋笼吊装、对接、固定**

（1）钢筋笼吊装采用吊车起吊，吊点设置在钢筋笼顶部加强筋上，待钢筋笼离地 1m 后，旋转汽车式起重机将钢筋笼吊入孔内，吊装钢筋笼见图 4.2-17。

（2）当钢筋笼吊至孔口时，将钢筋笼中心对准插桩平台中心，此时插桩平台中心孔直径（1500mm）与钢筋笼直径（1460mm）保持同心，扶正后缓缓匀速下入孔内，严禁摆动碰撞孔壁；当每节钢筋笼入孔下放至指定标高时，在孔口使用定位块固定钢筋笼，并穿入两根插杠将钢筋笼固定在孔口。钢筋笼吊装对中见图 4.2-18。

（3）吊装第二节钢筋笼至第一节钢筋笼正上方，将两节钢筋笼焊接，用吊车将焊接好后的钢筋笼缓缓下放至指定标高位置，继续焊接后续钢筋笼，直至全部 6 节钢筋笼全部焊接完成。钢筋笼孔口焊接对接见图 4.2-19。

（4）最后一节钢筋笼焊接好后，缓慢下放，调整位置使其居中，顶部预留 1m 与钢管柱焊接，穿入插杠把其固定在孔口。

**7. 短节钢管柱、工具柱制作**

（1）本项目设计钢管柱长度为 25.35m、23.75m，根据现场净空条件，分 6 节吊装。工具柱总长 5.9m，根据现场净空条件将工具柱拆分为两节，一节为 3.7m，一节为 2.2m。钢管柱工程量及分节情况见表 4.2-3、表 4.2-4。

图 4.2-17　钢筋笼吊装　　　　　　　　　　　　图 4.2-18　钢筋笼吊装

图 4.2-19　钢筋笼孔口对接

钢管柱概况表　　　　　　　　　　　　　　　　　　表 4.2-3

| 类型 | 数量（根） | 管径（m） | 钢管柱长（m） | 钢管重量（t） | 吊装方式 |
|---|---|---|---|---|---|
| I | 7 | 0.6 | 25.35 | 8.04 | 分节吊装 |
| II | 2 | 0.6 | 23.75 | 7.52 | 分节吊装 |

钢管柱分节表 表 4.2-4

| 类型 | 钢管柱全长<br>(m) | 第一节底柱<br>(m) | 第二节中间柱<br>(m) | 第三节中间柱<br>(m) | 第四节中间柱<br>(m) | 第五节中间柱<br>(m) | 第六节顶柱<br>(m) |
|---|---|---|---|---|---|---|---|
| I | 25.35 | 4.65 | 4.15 | 4.15 | 4.15 | 4.15 | 4.10 |
| II | 23.75 | 4.65 | 4.15 | 4.15 | 4.15 | 4.15 | 2.50 |

（2）钢管柱、工具柱材质、强度符合设计要求，无锈蚀、裂纹等，坡口平整，螺栓孔尺寸、数量、位置满足要求，经监理验收及检测完成后方可使用，现场短节钢管柱见图 4.2-20。

（3）钢管柱吊点设置于钢管柱分节吊耳部位，吊耳由钢管柱厂家对称预制于分节钢管柱顶下 100mm 位置，吊耳孔距离吊耳外缘 50mm，吊耳材料为 Q235 钢板、厚度 2.5mm，吊耳设置见图 4.2-21。

图 4.2-20 短节钢管柱

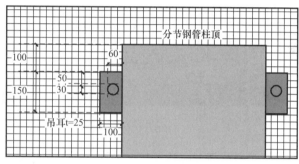

图 4.2-21 钢管柱吊耳设置图

### 8. 底部钢管柱与顶部钢筋笼连接、固定

（1）顶部钢筋笼安放到位后，使用平台定位块对钢筋笼进行对中固定，并用插杠防止钢筋笼下坠，而后与底部钢管柱进行连接。

（2）钢管柱采用专用卡扣通过吊耳起吊，起吊前检查卡扣和吊钩是否紧固、可靠，并在司索工指挥下起吊。起吊钢管柱见图 4.2-22。

图 4.2-22 钢管柱起吊

（3）由于本项目底部钢管柱需插入灌注桩顶部 4m，在安放前标记好钢管柱底部往上 4m 的位置，待钢管柱标记处下放至钢筋笼顶部加强筋后停止下放，并确定中心位置。钢管柱吊放入孔见图 4.2-23，钢管柱入孔与钢筋笼顶中心点位置量测见图 4.2-24。

图 4.2-23　钢管柱吊放入孔

（4）第一节钢管底柱下放至设计标高后，使用量尺对钢管柱外边缘至钢筋笼加强筋的四个方向进行量测，并使用吊车对钢管柱位置进行调整，待四个方向的距离均为 430mm 后，钢管柱处于钢筋笼中心处，此时按设计要求采用三块钢板将钢筋笼与钢管柱焊接锚固，钢板尺寸为 45cm×20cm×12mm，固定钢板平面布置见图 4.2-25。

图 4.2-24　底部钢管柱入孔与钢筋笼顶相接

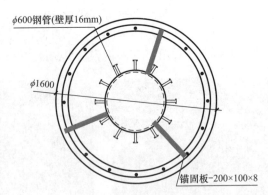

图 4.2-25　锚固钢板平面布置图

（5）钢筋笼与钢管柱间的锚固钢板分顶部、中部两层布置，使钢管柱定位于钢筋笼中心；焊接分两次进行，先焊接上层，再提升钢管柱和钢筋笼焊接第二层，具体见图 4.2-26，而后上提钢筋笼及钢管柱至下层钢板位置，使用定位块及插杆对钢筋笼进行固定后进行下层钢板焊接，见图 4.2-27。

**9. 底部钢管柱与第一节中间柱焊接对接**

（1）底部钢管柱与顶部钢筋笼焊接完成后，进行短节钢管柱对接，底部钢管柱与第一节中间柱连接方式为焊接。

（2）底部钢管柱与第一节中间柱对接时，采用设置在对接钢管上部的测斜仪与现场设置的经纬仪对钢管柱垂直度进行监测，具体见图 4.2-28、图 4.2-29。

图 4.2-26　焊接下层锚固钢板

图 4.2-27　定位块对中及插杠对钢筋笼进行固定

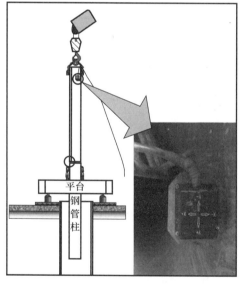

图 4.2-28　测斜仪

图 4.2-29　经纬仪测量钢管柱垂直度

（3）底部钢管柱焊接截面采用 45°坡面焊，具体见图 4.2-30；焊接时，采用双人同时焊接，具体见图 4.2-31；在焊接界面处通过满焊将两节钢管柱焊接好后，再用钢板将两根钢管柱实施加固焊，具体见图 4.2-32。

**10. 钢管柱对接**

（1）除底部钢管柱与第一节中间柱连接方式为焊接外，其余钢管柱对接设计螺栓连接，以缩短对接时间；如出现钢管柱长度难以调节，亦可采用焊接对接。

（2）待底部钢管柱焊接好后，开始下放钢管柱至距离平台 0.7m 处；由于钢管柱直径小，插桩平台定位块无法抱箍钢管柱，此时采用在原定位块的基础上增加临时调节定位块，并通过液压系统使插桩平台将钢管柱对中及固定；同时，在钢管柱两个吊耳下插入插杠，防止钢管柱下坠，便于对接作业。调节定位块使用见图 4.2-33，定位块液压抱紧作业见图 4.2-34。

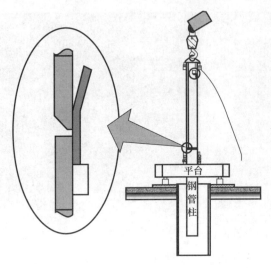

图 4.2-30　钢管柱对接坡口焊接截面示意图

图 4.2-31　钢管柱对接双人焊　　　　图 4.2-32　钢管柱对接钢板加固焊

图 4.2-33　插桩平台定位块固定钢管柱　　　　图 4.2-34　定位块液压作业抱紧钢管柱

（3）钢管柱孔口对接后，采用测斜仪和全站仪监测垂直度情况，并通过调整插桩平台支腿调节钢管柱垂直度；若监测发现垂直度超标，则通过调节在上、下对接钢管柱上的钢丝绳收紧器的松紧程度，以达到对钢管柱垂直度的微调，钢管柱上钢丝绳收紧器设置见图 4.2-35。

图 4.2-35 钢丝绳收紧器

（4）待垂直度调整完成后，将测斜仪归零，见图 4.2-36；在测斜仪归零后，钢管柱开始进行焊接，具体现场焊接见图 4.2-37。

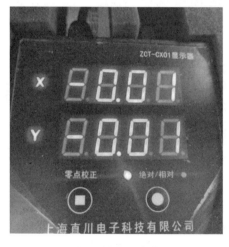

图 4.2-36 测斜仪　　　　图 4.2-37 钢管柱现场焊接对接

（5）当对接钢管柱为螺栓连接时，在调节完成垂直度后采用螺栓固定，具体见图4.2-38。

（6）当进行钢管柱对接时，注意对桩身混凝土声测管的保护和连接，具体见图 4.2-39。

图 4.2-38　钢管柱螺栓对接　　　　图 4.2-39　钢管柱连接时对声测管<br>的保护和连接

### 11. 钢管柱与工具柱对接

（1）钢管柱对接完成后，最后进行钢管柱与顶部工具柱的对接。

（2）工具柱吊装就位后，与钢管柱采用 12 个高张力螺栓连接。工具柱吊装见图 4.2-40，现场螺栓对接见图 4.2-41。

图 4.2-40　工具柱吊装　　　　　图 4.2-41　工具柱与钢管柱螺栓对接

（3）钢管柱与工具柱对接后，由于工具柱直径比钢管柱大，此时松开并调出调节定位块，待工具柱垂直度调整完成后，下放至离地面标高 1.2m 处，通过插桩平台及尺寸微小的调节定位块将工具柱固定。工具柱定位示意见图 4.2-42，工具柱定位监测见图 4.2-43，工具柱固定调节定位块见图 4.2-44，工具柱定位后管内情况见图 4.2-45。

### 12. 二次清孔

（1）工具柱定位后，及时在工具柱内安放灌注导管，具体见图 4.2-46。

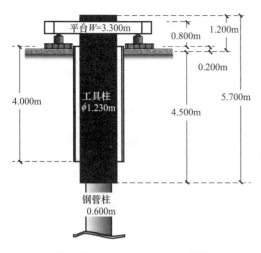

图 4.2-42　工具柱定位示意图

图 4.2-43　工具柱定位监测

图 4.2-44　工具柱固定
调节定位块

图 4.2-45　工具柱插入
完成图

图 4.2-46　安装灌注
导管

（2）灌注混凝土前，测量孔底沉渣厚度，如果沉渣厚度超标，则在导管口接入强力潜水泵进行反循环、二次清孔，清孔时通过泥浆泵将泥浆池中的新鲜泥浆导入孔内，完成孔内安定液的置换。现场清孔见图 4.2-47。

**13. 灌注桩身混凝土至设计标高**

（1）孔底沉渣厚度满足要求后，快速完成孔口灌注斗安装，立即开始灌注混凝土，最大限度地缩短准备时间。

（2）采用强度等级为 C35 的商品混凝土进行水下灌注，现场采用泵车布料入灌注斗，初灌斗容量为 $3m^3$，初灌混凝土保持埋管不少于 1m；正常灌注时监测混凝土面上升高度，及时拆卸导管，

图 4.2-47　二次清孔

始终控制埋管深度 2~4m，直至灌注至桩顶设计标高位置。

现场灌注泵车布料见图 4.2-48，现场拆卸灌注导管见图 4.2-49。

图 4.2-48 泵车布料入灌注斗 　　　　图 4.2-49 现场灌注混凝土及拆卸导管

### 14. 桩顶标高以上钢管柱与孔壁间回填砾料

（1）灌注完成后，向钢管柱与孔壁间回填砾料，砾料为细石级配料。

（2）回填时均匀缓慢倒入，防止塞淤、架空。

（3）砾料回填从桩顶标高以上开始至孔口位置。

### 15. 移除插桩平台、起拔孔口护筒

（1）清除平台上的杂物及地面障碍物。

（2）采用吊车移除插桩平台至下一孔位。

（3）采用吊车起拔孔口护筒。

## 4.2.8 材料与设备

### 1. 材料

本工艺所使用的材料主要有卸扣、钢丝绳、钢丝绳收紧器、钢板、焊条等。

### 2. 设备

本工艺所涉及设备主要有插桩平台、50t 汽车式起重机、挖机、回旋钻机等，详见表 4.2-5。

主要机械设备配置表　　　　　　　　　　　　表 4.2-5

| 序号 | 机械设备名称 | 型号 | 说明 |
|---|---|---|---|
| 1 | 冲击钻机 | CK2000 | 钻进成孔 |
| 2 | 插桩平台 | — | 固定并调直钢管柱 |
| 3 | 测斜仪显示器 | ZCT-CX01 | 测斜 |
| 4 | 汽车式起重机 | 50t | 吊装 |
| 5 | 挖机 | 220 型 | 转运成孔渣土 |

## 4.2.9 质量控制

### 1. 冲击钻进成孔

（1）冲击钻机定位保持水平、稳固，护筒埋设位置准确、垂直，周边用黏土夯实。

（2）发现钻孔偏斜时，则采取纠斜措施。

（3）合理调配泥浆性能，防止缩径和坍孔。

（4）定期检查钻头直径，发现磨损及时修复，以防止因钻头磨损影响钻孔的正常直径。

（5）二次清孔沉渣满足设计与施工规范要求，控制沉渣厚度不大于 10cm 以内。

### 2. 钢管柱制作与安放

（1）钢管柱由专业厂家制作，钢管柱出厂前进行验收。

（2）使用测斜仪与经纬仪配合进行垂直度定位。

（3）每节钢管柱及工具柱的连接工序中的垂直度需达到设计要求后，方可进行下一节的拼装。

## 4.2.10　安全措施

### 1. 低净空作业

（1）冲击钻机、吊车保持低净空作业，由持证专业人员操作。

（2）钢筋笼、钢管结构柱按短节加工，严禁超长度作业。

### 2. 吊装钢筋笼与钢管柱

（1）吊装钢筋笼和钢管柱时，指派专人现场指挥。

（2）每天班前对吊具配置的钢丝绳进行检查，对不合格钢丝绳及时进行更换。

# 第5章 逆作法结构柱下扩底桩施工新技术

## 5.1 大直径全液压可视可控旋挖扩底桩施工技术（AM工法）

### 5.1.1 引言

在基坑开挖及地下结构施工工艺中，逆作法有许多优势，也存在一些技术难点，如单桩单柱的基桩承载力要求高，设计差异沉降要求小等。随着我国基坑规模超深超大的发展趋势，对结构柱下的桩基承载力要求也越来越高。但在实际工程中，桩基一味地靠增大桩身直径或深度来提高承载力，整体经济性差；采用桩端超深嵌岩以提升承载力，其施工难度大、工期长，且质量风险高。

为有效经济地提高单桩承载力，浙江鼎业基础工程有限公司在传统的扩底桩技术基础上，经过十多年的科技攻关，研发了一套全液压可视可控旋挖钻孔灌注扩底桩施工装备及相应的工法（简称AM工法）。该套装备颠覆了传统挤扩钻斗的扩孔方法，同时结合了数字化信息技术，配备了智能化可视化施工管理装置，首次实现了扩底桩施工可视可控。该工艺施工时采用全液压扩底钻斗（又称AM魔力扩底铲斗）进行全液压旋转切削挖掘，扩底时桩底端保持水平，扩底钻斗通过液压推进逐渐旋转切削扩大，切削过程中由电脑管理影像追踪监控系统进行扩底切削控制，实时监控扩大的尺寸和形状，直至将桩端底部或桩身中间扩大成设计要求的几何形状（图5.1-1）。相比于传统的挤扩工法，AM工法实时可视可控，成桩质量高，更能有效提高单桩承载力和抗拔力，进而大幅度降低投资成本；同时，该工法能适应各种复杂的地质条件，通过全液压扩底钻斗旋转切削挖掘地层，不出泥浆且护壁泥浆可循环利用，大大减少了环境污染，是目前先进的扩底桩施工技术之一。

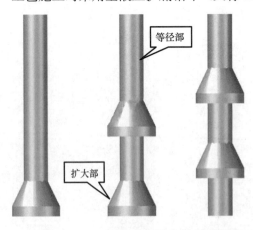

图5.1-1 AM工法扩底桩结构形式示意图

等径部

扩大部

### 5.1.2 工程实例

#### 1. 工程概况

天津于家堡站交通枢纽工程位于天津市滨海新区，该枢纽工程以城际铁路车站为核心，同时配套建设规划的城市轨道线路B1、B2、Z1三线预留车站工程及公交车辆停车场、社会车辆停车场等市政工程，基坑总面积约13万 m²。

于家堡枢纽工程城际铁路车站为地下二层结构，基坑深约21m；B1、B2线车站与城际车站基本平行，B1 线车站紧邻城际车站，与城际车站基坑深度基本一致；B2 线车站及 B2 线车站与城际车站之间的社会车辆停车场基坑深度略浅约为 16.5～17m。项目地下结构平面轮廓及平面分区见图 5.1-2、图 5.1-3。

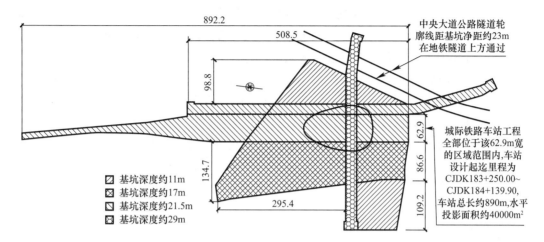

图 5.1-2　天津于家堡站交通枢纽工程地下结构平面轮廓图

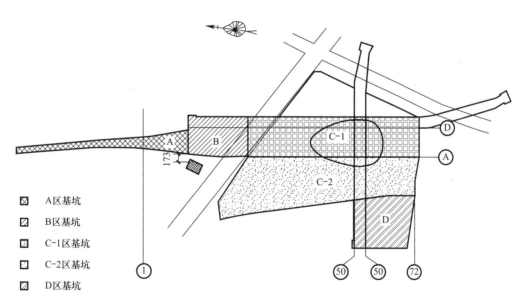

图 5.1-3　天津于家堡站交通枢纽工程地下结构平面分区示意图

## 2. 地层情况

（1）地层岩性

本区范围内地层主要为第四系陆相层、海相层互相交替，地面至上往下 20m 范围内主要分布为杂填土、软土、黏土、粉质黏土，20～60m 主要为砂层。

（2）水文地质特征

基坑基本处于潜水含水层及隔水层中，基坑底位于承压水含水层的顶板。地下水位埋藏较浅，地下水位埋深约为 0.50～1.50m（高程 -0.840～-1.740m）。承压水含水层位于地面下 20～60m 的砂层中。

### 3. 设计要求

本项目主体结构为三跨两柱双层地下结构，横向标准跨度为 20.0m＋20.5m＋20.0m，立柱标准纵距为 9m，采用一柱一桩的竖向结构形式，中立柱采用 $\phi1400mm$ 钢管立柱。钢管立柱下设单桩基础，桩采用旋挖扩孔灌注桩，桩径为 2200mm、扩 3200mm 和 2400mm、扩 3800mm 两种。桩端持力层为⑩$_5$细砂层，该层为灰褐色，密实，饱和，成分以石英、长石为主，夹粉质黏土薄层，具锈斑，夹贝壳碎片。

### 4. 施工方案选择

本项目设计的桩基础桩身直径大、扩孔比例高、施工难度大，经过方案比选论证，AM 工法以其高质量成桩、无泥浆污染等优点成为本项目实施扩底灌注桩的施工方法。施工前，操作人员根据设计要求，将桩长、桩径、扩底的深度和形状尺寸等数据输入智能化可视化施工管理系统，扩底桩的图像即可显示在操作室里的监控器上。施工时，先用等径桩旋挖钻斗钻至设计深度，然后再更换 AM 扩底铲斗进行扩底施工。

### 5. 施工情况

本项目于 2009 年 9 月 1 日开工，2010 年 8 月 15 日前全部完成，经现场验收全部满足设计要求。本项目的二、三、四标段及车站站房全部采用 AM 工法成桩，现场技术人员利用 AM 工法施工原理，结合施工场地等因素，将等径桩旋挖下钻和桩底旋挖扩底两个流程进行合理规划，AM 工法施工质量可靠，大幅度节省了投资，缩短了工期，确保了项目顺利完成。

## 5.1.3 工艺特点

### 1. 成孔、扩孔质量可靠

AM 工法采用全液压扩底钻斗进行全液压切削挖掘，并采用电脑管理影像追踪监控系统进行自动控制，技术人员仅需通过施工管理装置在驾驶室内进行操作，实现了数字化管理，全过程可视可控，能准确达到设计的扩孔尺寸，成孔、扩孔及桩身施工质量稳定，安全可靠。

### 2. 成孔工效高

AM 工法整个旋挖扩孔过程由计算机自动操作和显示，成孔速度快、工效高。

### 3. 经济性好

在桩身直径相同情况下，扩底灌注桩较非扩底灌注桩可提高单桩极限承载力 30％以上；在单桩极限承载力相同的情况下，扩底桩较非扩底桩可节约混凝土用量 25％以上，具有显著的技术经济效益。

### 4. 桩身受力机理更优化

一般说来，等直径钻孔桩的破坏形式为剪切刺入型，而扩底灌注桩则为渐进压缩型。本工艺能充分利用桩身上下各部位的地层，从而改变普通等直径钻孔灌注桩的受力机理，使建筑结构稳定耐震，严格控制沉降变形。

### 5. 成孔过程无泥浆排放

本工艺与普通回旋钻机成孔相比，成孔过程中为原始土挖掘状态，通过旋挖钻斗提升直接装卸在自卸土方车上，无泥浆排放量，减少环境污染，有利于现场文明施工。

**6. 适用性广**

本工艺适用的桩径、桩长幅度广，一般扩底率可达 3.2，可满足不同的承载力设计要求。

### 5.1.4　适用范围

**1. 适用地层**

适用于硬塑黏性土、中密或密实粉性土、砂土、砂砾、全风化、强风化（强度低于10MPa）及中风化泥砂岩等。

**2. 以下情况应优先采用：**

（1）成孔较深或有效桩长过长的摩擦桩。

（2）单桩荷载较大，常规钻孔灌注桩无法满足承载力要求时。

（3）需提供较大抗拔承载力时。

**3. 扩底直径**

适用于表 5.1-1 中所列的最大扩底直径。

**AM 工法最大扩底直径对照表 （mm）**　　　　表 5.1-1

| 等径部直径 | 常规扩底直径 | AM 工法最大扩底直径 |
|---|---|---|
| $\phi$850 | $\phi$1300 | $\phi$1500 |
| $\phi$1000 | $\phi$1600 | $\phi$1800 |
| $\phi$1200 | $\phi$1800 | $\phi$2000 |
| $\phi$1300 | $\phi$1900 | $\phi$2400 |
| $\phi$1500 | $\phi$2300 | $\phi$2800 |
| $\phi$1600 | $\phi$2500 | $\phi$3000 |
| $\phi$1800 | $\phi$3000 | $\phi$3300 |
| $\phi$2000 | $\phi$3200 | $\phi$3800 |
| $\phi$2200 | $\phi$3800 | $\phi$4100 |
| $\phi$2500 | $\phi$4000 | $\phi$4500 |
| $\phi$3000 | $\phi$4500 | $\phi$5000 |

### 5.1.5　工艺原理

全液压可视可控旋挖钻孔扩底灌注桩施工工艺（AM 工法）是结合地质条件及施工实际条件，研发出的成套全液压钻进以及扩孔设备，使用了先进的全液压旋转切削扩孔技术，其先使用桶式旋挖钻头进行直孔段钻进成孔，孔壁采用特制的泥浆护壁；当钻进至需要扩径的深度时，换成专用的扩孔铲斗，按设计计算的扩底直径预先在主机操控室进行设定，由电脑自动操控，通过液压传动使扩径刀翼张开而进行扩径，扩径段的几何形状为一圆台，底部则为锅底形，圆台的斜面角度和锅底的坡度与扩径刀翼张开的角度一致，控制室实时监控扩孔状态，自动控制完成扩孔施工。扩底完成后，使用旋挖铲斗以及特殊清渣泵清除孔底沉渣，再安放钢筋笼、灌注导管，在二次清孔后灌注桩身混凝土。施工完成后，控制室内电脑立刻打印出扩底形状，减少人为影响因素；这样，扩径段就有了一个固定的几何形状，从而可以避免凸凹形成孔的不确定性。

AM工法桩扩底钻头见图5.1-4，实际扩底成桩效果见图5.1-5。

图5.1-4　AM工法桩扩底钻头

图5.1-5　AM工法桩实际成桩效果

### 5.1.6　施工工艺流程

AM桩工法施工工艺流程见图5.1-6。

### 5.1.7　工序操作要点

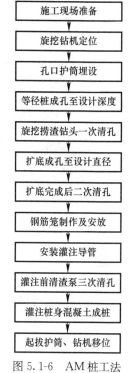

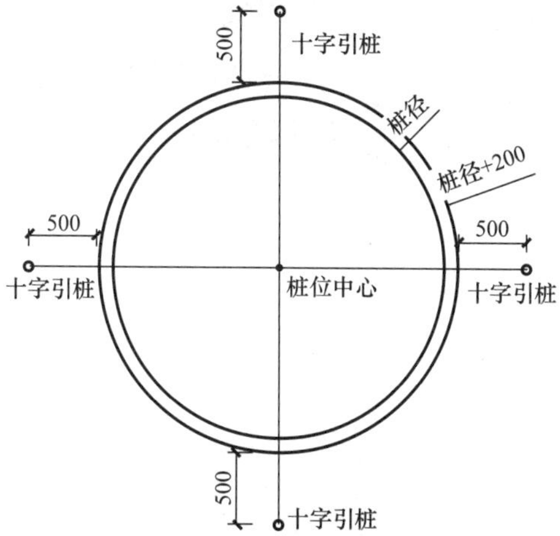

施工现场准备
旋挖钻机定位
孔口护筒埋设
等径桩成孔至设计深度
旋挖捞渣钻头一次清孔
扩底成孔至设计直径
扩底完成后二次清孔
钢筋笼制作及安放
安装灌注导管
灌注前清渣泵三次清孔
灌注桩身混凝土成桩
起拔护筒、钻机移位
图 5.1-6　AM 桩工法施工工艺流程图

1. **施工现场准备**

（1）编制专项扩底灌注桩施工方案，并按审批的方案组织人员、设备、材料进场。

（2）按规划现场平面布置，合理设置泥浆系统、钢筋笼加工场、临时道路等。

（3）根据桩位坐标数据放出扩底灌注桩位中心，复核后打好十字控制桩，并做好保护措施。桩位控制点布置见图 5.1-7，现场十字引桩见图 5.1-8，桩位中心十字交叉线见图 5.1-9。

2. **旋挖钻机定位**

（1）钻机定位时，为保证 AM 扩底旋挖钻机的稳定性，防止施工中地面不均匀沉降而造成钻机不稳，施工现场需进行硬地化，并在旋挖钻机履带位置铺设钢板，地面硬化采用 25cm 厚 C25 钢筋混凝土，对桩位处预留一个比桩直径大 300mm 的孔位。

（2）钻机就位时，利用钻机水平装置调整钻机水平度，保证钻机钻杆的垂直；复测钻杆垂直度，保证垂直度在 1/300 范围内，将钻杆中心与桩位十字线中心对齐，偏差不大于 20mm。

（3）钻机在完成定位、水平度和垂直度调整后，由驾驶员在操作室内对钻机水平度、垂直度和中心位置进行锁定。旋挖钻机定位见图 5.1-10。

500
十字引桩
桩径
桩径+200
500
500
十字引桩
桩位中心
十字引桩
500
十字引桩
图 5.1-7　桩位控制点布置图

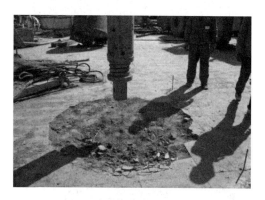

图 5.1-8　桩位放线

3. **孔口护筒埋设**

（1）钻机就位后，先钻比护筒直径大 50mm 以上的孔，深度比护筒略浅；然后将护筒吊放入孔内采用旋挖钻机将其压入，并根据十字线控制护筒中心位置。

（2）护筒采用 16～20mm 钢板制作，上部设 1 个溢浆口，护筒埋置深度一般不小于 2m，以达到稳定孔口土体的目的。

图 5.1-9　桩位中心十字交叉线　　　　　图 5.1-10　旋挖钻机定位

（3）护筒直径比桩直径大 200mm 以上，护筒顶比施工面高出 200mm。

（4）埋设护筒后，根据十字交叉线引桩复核护筒中心，其中心线与桩位中心线不大于 20mm，且护筒保持垂直，护筒周围采用黏土夯实。

埋设护筒钻进见图 5.1-11，护筒吊放入孔见图 5.1-12，护筒下压过程中校核中心点位置见图 5.1-13。

图 5.1-11　埋设护筒钻进　　　　　图 5.1-12　护筒吊放入孔

**4. 等径桩成孔至设计深度**

（1）护筒埋设后，旋挖钻机就位，钻机以钻杆、钻斗自重并利用液压加压旋转钻进；钻进前，将旋挖钻头中心与桩位、护筒中心点重合，钻头中心点校核见图 5.1-14。

图 5.1-13　护筒下压过程中校核中心点位置　　　图 5.1-14　现场旋挖钻头中心点校核

（2）护筒埋设完毕后，用泥浆泵向孔内注入泥浆（图 5.1-15），钻机以钻杆、钻斗自重并利用液压加压旋转钻进，当旋挖钻斗内装满 80％左右钻渣后，将钻斗提升出孔卸渣，反复循环直至钻进至设计深度。

图 5.1-15　泥浆泵向孔内注入泥浆

（3）旋挖钻进过程中，根据不同的地层合理调整钻进速度，一般控制在不超过 10m/h，松散地层控制在 3m/h 内；钻进时，严格控制泥浆质量，及时向孔内注入优质泥浆护壁，使孔内水位高出钢护筒底部 2m 以上，确保孔壁稳定。

（4）钻进中根据不同的地层，选用不同的旋挖钻头，在上部杂填土层，用合金螺旋钻斗，以利于障碍物清除；在淤泥、粉质黏土、粉层用密封性能较好的双底板钻斗，以利于清除钻渣；在黏土层选用单底板钻斗，以提升钻进速度。

图 5.1-16　等径桩旋挖钻进成孔

（5）钻孔过程中，定期检查钻机的垂直度；当钻孔发生倾斜时，可往复进行扫孔修正，直至垂直度符合要求。

（6）钻进时，定期检查泥浆性能，当各项指标超过上下限时，则及时进行调配。

（7）等径部成孔按设计要求钻至设计标高，现场旋挖钻进成孔见图 5.1-16。

**5. 旋挖捞渣钻头一次清孔**

（1）等径部成孔达到设计标高后，及时采用旋挖平底捞渣钻头进行一次清孔，以防孔底钻渣太厚导致扩底钻头难以到达孔底，影响扩底效果。

（2）一次清孔完成后，进行等径部直孔段钻验收，包括孔径、孔深、持力层、钻孔垂直度等，满足要求后进入下一道扩底工序施工。

**6. 扩底成孔至设计直径**

（1）AM 工法旋挖钻钻机更换 AM 工法扩底铲斗进行扩底成孔作业，入孔前预先确定钻头扩孔的相关技术参数。AM 工法旋挖钻机及扩底钻头见图 5.1-17。

图 5.1-17　AM 工法全液压扩底钻头地面作业演示

（2）在扩底施工前，操作人员预先在电脑上设定设计扩底参数；操作人员根据电脑显示的深度将扩孔钻头下放至孔底扩孔部位，在电脑自动管理中心的控制下进行扩底。扩底钻头入孔见图5.1-18。

图 5.1-18　AM工法全液压扩底钻头入孔

（3）扩底时，钻机回转扩底铲斗，铲斗在旋转中将土体平均分割为2份或4份挖掘钻进，有效实施水平扩孔作业。铲斗扩底过程示意见图5.1-19。

图 5.1-19　AM工法全液压扩底钻头水平扩底过程示意图

（4）扩孔作业产生的钻渣被铲斗所收纳，铲斗闭合时将钻渣带出地面。铲斗扩孔后提钻出孔卸渣，见图5.1-20。

（5）AM工法扩底可通过操作室内的监视系统及时监测扩孔情况，实时掌握扩孔进度，桩径、扩大径、钻孔深度等均能通过电脑管理影像追踪显示装置进行监控，具体见图 5.1-21。扩底成孔结束后打印扩孔作业资料，用测绳复测孔深并进行验收确认。

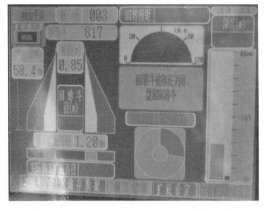

5.1-20　铲斗扩孔后提钻出孔卸渣　　　图 5.1-21　AM 工法扩底实时监视控制系统

### 7. 扩底完成后二次清孔

（1）底部扩孔时，定期将扩底铲斗上返，将钻渣排出，扩底过程即为清渣。

（2）当扩底成孔作业完成后，更换旋挖捞渣钻头将孔底沉渣清除。

### 8. 钢筋笼制作及安放

（1）钢筋笼按图纸要求制作。

（2）考虑 AM 扩底桩的单桩承载力大，钢筋笼加工单节笼长不超过 30m，尽可能减少孔口连接接头，确保钢筋笼成型质量。钢筋笼制作见图 5.1-22。

（3）钢筋笼用吊车安放，起吊时采用双钩起吊控制安放时的垂直度。钢筋笼起吊入孔见图 5.1-23。

图 5.1-22　钢筋笼制作　　　　　　　图 5.1-23　钢筋笼吊放入孔

### 9. 安装灌注导管

（1）安装钢筋笼完成后，尽快安放灌注导管。

（2）导管采用 $\phi$300mm 导管，导管使用前经过压水试验，试水压力为 0.6～1.0MPa；

导管接头连接时加O形密封圈，各接头扭紧，严防漏气、漏水。

（3）导管吊放时位置居中，缓慢沉放，防止卡挂钢筋笼，导管底距孔底300～500mm，具体见图5.1-24。

**10. 灌注前清渣泵三次清孔**

（1）灌注桩身混凝土前，测量孔底沉渣，沉渣厚度超标则采用反循环进行第三次清孔。

（2）清孔采用专用清渣泵清渣，清孔时将清渣泵吊放至孔底附近，清渣泵启动后直接将孔底沉渣抽吸出孔，直至孔底沉渣厚度满足设计要求。清渣泵见图5.1-25，具体清渣方法见第5.3节。

图5.1-24 安装灌注导管

图5.1-25 清孔用清渣泵

**11. 灌注桩身混凝土成桩**

（1）清孔结束后，在30min内灌注混凝土，超时则需测量孔底沉渣厚度，有必要重新清孔。

（2）水下混凝土采用商品混凝土，加混凝土外加剂，混凝土采用缓凝混凝土，初凝时间控制为单桩灌注时间的1.5倍，混凝土坍落度控制在18～22cm。

（3）混凝土灌注中使用隔水球，在灌注前首先把隔水球放入导管内，再在混凝土料斗内放入隔水板，待料斗放满混凝土后快速提升隔水板，使混凝土顺着隔水球往导管内下落。

图5.1-26 灌注混凝土

（4）初灌料不小于计算初灌方量，采用大斗将混凝土一次性连续灌入，控制埋管不小于1m。

（5）在混凝土灌注过程中，派专人实时测量孔内混凝土上升面高度，严格控制埋管深度2～6m。同时，做好灌注记录，并按要求留取混凝土试块。现场混凝土灌注见图5.1-26。

### 5.1.8　材料与设备

#### 1. 材料

本工艺所使用的材料主要有钢筋、焊条、混凝土等。

#### 2. 设备

本工艺现场施工的主要机械设备，按单机配置见表 5.1-2。

主要机械设备配置表 表 5.1-2

| 设备名称 | 型号 | 数量 | 备注 |
|---|---|---|---|
| 旋挖扩底钻机 | MX8628 | 1 台 | 钻进、扩底 |
| 扩底钻头 | $\phi$3000mm | 2 个 | 水平扩底 |
| 泥浆净化装置 | 200m³ | 1 台 | 泥浆净化 |
| 清渣泵 | 11m³ | 1 台 | 三次清孔 |
| 泥浆泵 | 7.5kW | 2 台 | 抽排泥浆 |
| 电焊机 | NBC-270 | 2 台 | 钢筋笼焊接 |
| 灌注斗 | 6m³ | 1 个 | 初灌 |
| 挖掘机 | PC220 | 1 台 | 场地平整 |
| 起重机 | 80t、150t | 1 台 | 钢筋笼及配件吊运 |

### 5.1.9　质量控制

#### 1. 等径段钻进

（1）等径直桩成孔直径达到设计桩径，成孔用钻头设有保径装置，钻头型号根据施工工艺合理选定，成孔用钻头经常检查核验尺寸。

（2）正式钻进前进行试成孔，数量不得少于 2 个，以便核对地层资料，并检验所选设备、机具、施工工艺以及技术要求是否适宜。

（3）成孔开始前充分做好准备工作，成孔尽可能不间断完成；等径桩成孔完毕后，及时调换扩底钻斗，其间隔时间不应超过 12h。

（4）钻进成孔时，钻机定位保持准确、水平、稳固，钻机的钻杆中心对准桩位中心，其偏差不大于 20mm。

（5）护壁泥浆以膨润土为主，辅以其他材料配制，泥浆性能指标根据不同的地层和地下水位情况合理选用。

（6）成孔过程中，孔内泥浆的液面保持稳定，其液面高度不低于自然地面 50cm，以保证稳定孔壁的作用。

（7）成孔至设计深度后，对孔深、孔径、垂直度等进行检测；确认符合要求后，方可进行下一道工序施工。

（8）在相邻混凝土刚灌注完毕的邻桩旁成孔施工，最少时间间隔不少于 36h，或安全距离不小于 4d 及 2D（d 为设计桩径，D 为扩底桩径）。

### 2. 扩底端水平扩底钻进

（1）等径桩钻进完成，及时更换扩底铲斗进行扩底。

（2）旋挖扩底钻孔前，根据施工前引桩十字交叉线进行孔位中心定位，桩孔定位符合孔口对中的要求，扩底中心、护筒中心和桩中心为同心，垂直度根据钻机自身安平系统和自动调整桅杆定位。

（3）在扩底施工前，将扩底铲斗设计数据输入电脑管理中心系统中，核实无误后调试扩底铲斗灵敏度及检测扩大部直径尺寸。

（4）扩底施工时，通过影像监视管理系统，在自动管理中心指挥下，回转扩底铲斗旋转时，严格控制每次扩孔量和铲斗的钻渣容积。

（5）扩底过程中，同样边旋转边向孔内补充泥浆，泥浆由专人进行调配，以保证孔内泥浆起到平衡孔壁作用。

（6）在提升和下放扩底铲斗时，严格控制升降速度，避免由于升降速度不均而引起孔内泥浆稳定效果的变化。

（7）扩底切削时，利用电脑管理中心可视装置，实时检查扩底铲斗张开和闭合状态尺寸与设计尺寸是否相符，扩底桩桩底扩大时扩径不小于设计要求规定的扩底直径。

（8）扩孔达到设计直径后，对孔深、孔径进行检验，利用随机打印系统打印扩孔结果。

### 5.1.10 安全措施

#### 1. 机械设备操作

（1）现场钻机及操作人员持证操作，挂牌负责，定机定人。

（2）保持钻机、吊车等机械设备的完好，液压系统稳定，各种齿轮及齿轮啮合处润滑良好。

（3）钻机转动设有安全防护装置，开钻前检查齿轮箱和其他机械传动部分是否灵敏、安全、可靠。

（4）旋挖钻头入孔前，检查其完好程度，确保钻进安全。

（5）扩底钻头使用后，进行冲洗并检查其完好度，发现损坏及时修改，防止在孔内出现故障。

#### 2. 吊装作业

（1）旋挖钻头、钢筋笼吊装编制吊装专项方案，经审批后实施。

（2）合理选择吊车、吊具，优化吊装路线。

（3）现场吊装作业时，安排司索工指挥，确保施工安全。

（4）吊装时，无关人员严禁进入吊装影响范围并设置临时安全带防护。

# 5.2 OMR工法用于逆作法中扩底灌注桩施工技术

## 5.2.1 引言

随着城市超高层建筑物不断出现，其对基础承载力的要求愈来愈高，对基础工程的设计、施工要求亦愈来愈高。因此，在大直径钻孔灌注桩被广泛采用的同时，也逐步应用大直径扩底桩基础。扩底灌注桩是在桩身底部即桩端持力层中，采用机械方式扩大，形成桩端扩大空间，增大桩端混凝土与持力层面积，从而大大提高桩的承载力。

在扩底灌注桩施工中，扩底通常采用传统机械式扩底，其利用钻杆下压带动活动套杆，使铰接钻齿扩张至设计尺寸，扩底容易导致扩底尺寸不够，难以达到设计要求，传统机械式扩底具体见图 5.2-1。为此，五广（上海）基础工程有限公司引进新型液压式扩底工艺（OMR 工法），其采用全液压式切削挖掘，分斜面和立起两段分别扩底，扩底过程中电脑全程监控扩底实时数据，达到扩底工效高、扩底质量可靠的效果。液压式（OMR 工法）扩底钻机见图 5.2-2，分段扩底示意见图 5.2-3，扩底效果见图 5.2-4。

图 5.2-1　传统机械式扩底

图 5.2-2　液压式（OMR 工法）扩底钻机

## 5.2.2　工程实例

### 1. 工程概况

地铁沈阳北站位于沈阳火车北站站前北站路与友好街丁字路口东侧，沈阳北站为火车、地铁、公交车公共交通枢纽，沿北站路东西向敷设，与既有地铁 2 号线沈阳北站站通道换乘。沈阳北站站为地下四层双柱三跨岛式站台车站，车站全长 148.4m，总建筑面积 22957.22m²，线路平面为直线，站台宽 16m，主体结构标准段总宽度为 25.3m。

图 5.2-3　斜面和立面分段扩底

### 2. 逆作法钢管柱+扩底灌注桩设计

沈阳北站站设计采用盖挖逆作法施工，主体结构底板下设置"钢管柱+旋挖扩底灌注桩"结构，柱桩结构设计内容主要包括：

（1）顶板覆土 4m 范围内，采用 A 型灌注桩，一个扩大头，直孔段直径 $d$ 为 2200mm，扩大端直径 $D$ 为 3400mm，有效桩长 30m。

（2）顶板下沉段覆土 6.9m 范围内，采用 B 型灌注桩，两个扩大头，直孔段直径 $d$ 为 2200mm，扩大端直径 $D$ 为 3400mm，有效桩长 30m。

（3）A 型桩、B 型桩各 18 根，设计基坑底面以上为空桩，基坑底面以下为实桩，部分抗拔桩与临时立柱桩共用，两者均采用桩端、桩侧复式后注浆，在施工阶段作为中间竖向支撑承担竖向荷载。

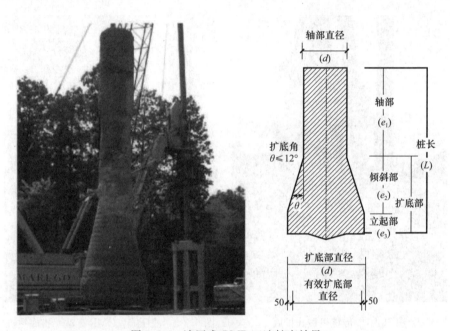

图 5.2-4　液压式 OMR 工法扩底效果

（4）车站底板上部为 36 根 φ900mm 钢管混凝土永久结构立柱，壁厚 25mm，材质为 Q345，钢管柱的长度有 3 种规格，其中 2、3 轴和 18、19 轴长度为 33.95m，4~7 轴、10 轴、15~17 轴长度为 32.2m，8、9 轴、11~14 轴长度为 31.75m，所有钢管柱插入工程桩内长度为 4.5m（不含封端）。钢管柱内填充 C50 自密实混凝土，钢管柱采用全回转设备双抱箍垂直抱插技术施工。

A 型、B 型桩钢管结构柱剖面见图 5.2-5、图 5.2-6。

### 3. 地层情况

沈阳北站位于沈阳市沈河区，地面高差 0.90m。勘察资料显示，场地自上而下主要土层为杂填土、中粗砂、砾砂、圆砾、粉质黏土、泥砾，桩端持力层为强风化层。

### 4. 施工及验收情况

本项目直孔段钻孔采用旋挖钻斗取土钻进，桩端底部扩底采用 MH5510B 专用扩底钻机分斜面和立面两步扩孔，利用 SCS 工法清孔，安放钢筋笼和灌注导管后灌注桩身混凝土，后续再进行钢管立柱安插工作。

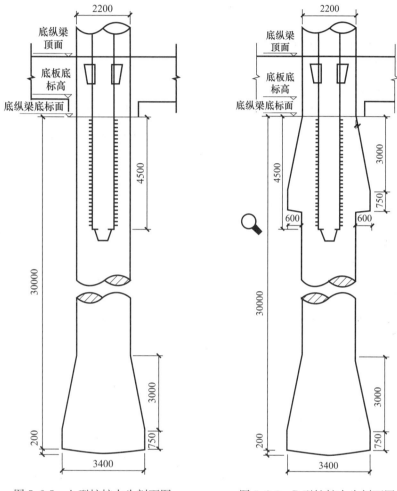

图 5.2-5　A 型桩扩大头剖面图　　　　图 5.2-6　B 型桩扩大头剖面图

工程完工后，进行超声波、抽芯检测，质量全部满足设计要求。

### 5.2.3　工艺特点

与传统扩底桩相比，OMR 工法有以下特点：

#### 1. 扩底可视、可控

OMR 工法是从日本引进的先进技术，采用的是全液压的扩底抓斗，抓斗上装有传感器，在扩底的过程中扩底状态经过电脑监视仪全程控制，可视、可控，操作简单。

#### 2. 二步扩底

OMR 工法扩底分 2 步扩底，先进行斜面扩底，再立起部分扩底，扩底所受的阻力会减小，能以较小的力矩完成切削，并且可以选择小型设备。

### 3. 配套 SCS 法清孔

OMR 工法配套 SCS 清孔系统,直接把潜水泥浆泵放入孔内进行清孔,清孔速度快、清渣效果好,能在大桩径中保证清渣效果。

### 4. 适用性强

OMR 工法利用旋挖钻机成孔及扩孔,具有施工速度快、质量高、无噪声、无振动、原始土外运、劳动强度低、减少环境污染等特点,更能适应市场要求。

### 5. 扩底效果好

OMR 工法直孔段孔径可达 3000mm,扩底段孔径最大达 4700mm,扩底比最大能达到 2.2 倍,扩底率达 4.9 倍,孔深最大深度达 80m,这种大深度、大承载力的桩,更能满足超高层建筑的要求。

### 6. 经济性好

OMR 工法桩提供更大的桩端承载力,采用 OMR 工法 2 倍扩底,承载力是相同轴径、相同深度下等径桩的 2 倍,节约混凝土 25% 以上。

## 5.2.4 适用范围

### 1. 直径

适用于直孔段最小桩径 800mm、最大桩径 3000mm,最大扩底直径 4700mm。

### 2. 地层

适用于软土层、砂砾层、卵石层、标贯击数小于 50 击的软岩,或全风化、强风化岩层;不适用于地层松散或流塑性易塌孔地层、硬度过大的中风化及以上岩层。

## 5.2.5 OMR 工艺原理

OMR 大直径旋挖扩底灌注桩施工技术利用等直径旋挖抓斗直孔段成孔,成孔至预定深度后,换成分段扩幅扩底钻头,先液压撑开上部扩幅刀刃使其旋转切削,扩大上段孔;而后,液压撑开下部扩幅刀刃使其旋转切削,扩大下段孔;扩底完成、终孔后安放钢筋笼、灌注导管、灌注混凝土形成大直径旋挖扩底桩。

### 1. 二步扩底原理

OMR 工法扩底方式采用的是分段式扩底,扩底部分分为斜面部分及立起部分,扩底所受的阻力会变小,能以较小的扭矩完成大直径的切削。国内通常的扩底方式是斜面及立起部分相连同步扩底,其缺点是在扩底的过程中所受的阻力增大,影响扩底效果,并且容易发生孔壁坍塌的现象。

OMR 工法的特点是先进行斜面部分扩底,在上部扩宽在油压千斤顶的作用下,上部扩宽刀头按设置的角度沿斜面扩底,斜面部分角度可进行调节;上部扩底完成后,再进行下部立起面扩底施工;下部扩宽在油压千斤顶的驱动下,沿滑动框架由液压油缸撑开下部切削刀头,通过钻杆的旋转进行扩幅切削达到立起面设计尺寸。

OMR 工法扩底抓斗扩底原理见图 5.2-7,分段扩底示意见图 5.2-8、图 5.2-9。

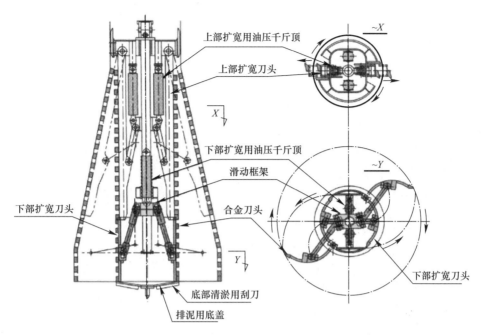

图 5.2-7　OMR 工法扩底抓斗扩底原理图

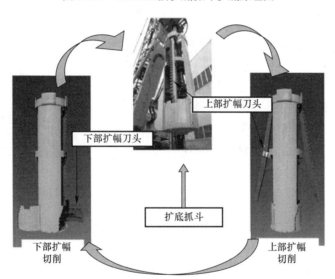

图 5.2-8　OMR 工法分段扩底示意图

图 5.2-9　OMR 工法抓斗分段扩底过程示意图

## 2. 扩大头切削集渣原理

扩大头渣土收集刀头分上部扩宽刀头和下部扩宽刀头，上部扩宽刀头为向下打开挖掘时，切削土落到下部的抓斗筒内自动被收集；而下部扩宽刀头则为刮削土方式，被挖掘的切削土被强制收集至抓斗内。因此，被挖掘的切削土不在钻进扩底过程中被重复扰动。斜面和立面切削扩底集渣见图 5.2-10、图 5.2-11。

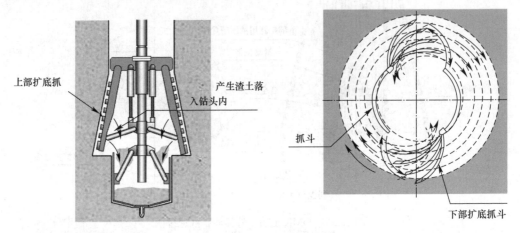

图 5.2-10 抓斗斜面、立起面扩底切削集渣示意图

图 5.2-11 抓斗斜面、立起面扩底切削集渣

## 3. 全过程电脑监视

扩底过程通过安装在扩底抓斗上的传感器，采用电脑管理影像追踪系统进行全程控制，桩底端深度、扩底部尺寸等数据及图像直接显示在操作室的电脑监视屏上，实现可视、可控施工。具体见图 5.2-12。

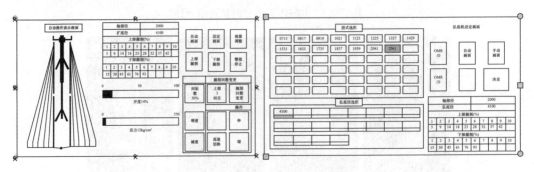

图 5.2-12 OMR 工法扩底显示屏

## 5.2.6　施工工艺流程

### 1. 逆作法"扩底桩＋钢管结构柱"施工工艺流程

本项目"扩底桩＋钢管结构柱"施工工艺流程包括扩底灌注桩成孔、安放钢筋笼、下放导管、灌注混凝土成桩，以及逆作法后插钢管结构柱等，具体见图 5.2-13～图 5.2-17。

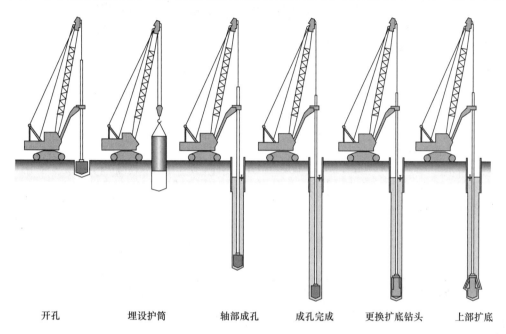

| 开孔 | 埋设护筒 | 轴部成孔 | 成孔完成 | 更换扩底钻头 | 上部扩底 |

图 5.2-13　逆作法"扩底桩＋钢管结构柱"施工工艺流程图（一）

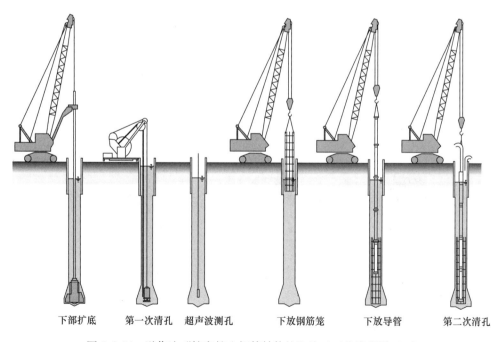

| 下部扩底 | 第一次清孔 | 超声波测孔 | 下放钢筋笼 | 下放导管 | 第二次清孔 |

图 5.2-14　逆作法"扩底桩＋钢管结构柱"施工工艺流程图（二）

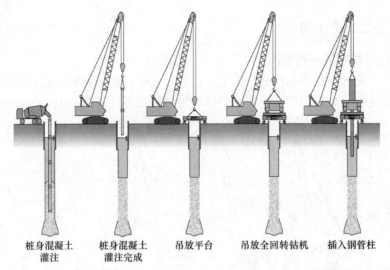

桩身混凝土　桩身混凝土　吊放平台　吊放全回转钻机　插入钢管柱
灌注　　　　灌注完成

图 5.2-15　逆作法"扩底桩＋钢管结构柱"施工工艺流程图（三）

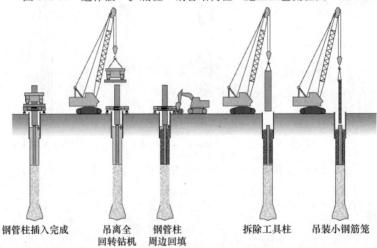

钢管柱插入完成　吊离全　　钢管柱　　拆除工具柱　吊装小钢筋笼
　　　　　　　　回转钻机　周边回填

图 5.2-16　逆作法"扩底桩＋钢管结构柱"施工工艺流程图（四）

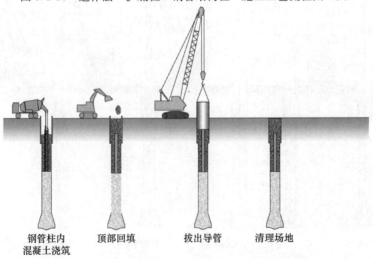

钢管柱内　　　顶部回填　　拔出导管　　清理场地
混凝土浇筑

图 5.2-17　逆作法"扩底桩＋钢管结构柱"施工工艺流程图（五）

## 2. 扩底桩施工工序流程

本项目所述 OMR 工法扩底灌注桩施工工艺流程见图 5.2-18。

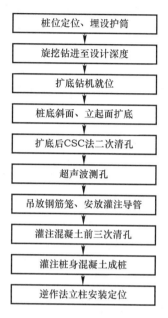

図 5.2-18 OMR 工法扩底灌注桩施工工艺流程图

### 5.2.7 工序操作要点

#### 1. 桩位定位、埋设护筒

（1）清理场地：对施工场地地面进行清理，并将场地硬地化。

（2）桩位放样：采用全站仪对桩位放样，定位桩位中心，拉十字护桩线；采用旋挖钻机预成孔，然后将护筒吊入，并按要求进行垂直度控制，以及对护筒外壁与地层的空隙回填压实。具体见图 5.2-19、图 5.2-20。

图 5.2-19 桩位十字线定位

图 5.2-20 吊放护筒

### 2. 旋挖钻进至设计深度

（1）旋挖钻机就位，对准中心点开始钻进。

（2）采用旋挖钻斗取土钻进，利用泥浆孔内护壁，根据地层控制钻进速度。

（3）旋挖直孔段钻进采用旋挖钻斗，钻进时调配好泥浆参数，钻进至设计桩底标高后终孔，并用捞渣钻头进行第一次清孔。

### 3. 扩底钻机就位

（1）根据本项目扩底桩特征侧，扩底钻机采用 MH5510B 钻机，扩底钻机技术参数见表 5.2-1，扩底钻机见图 5.2-21。

MH5510B 钻机技术参数表　　　　　　　　表 5.2-1

| 规格 | 机械高度（m） | | | 25 | | | | | |
|---|---|---|---|---|---|---|---|---|---|
| | 最大掘削直径（mm） | 最大掘削直径 | | 3000 | | | | | |
| | | 加刀头最大直径 | | 3300 | | | | | |
| | 最大掘削深度（m） | 5/14 钻杆使用（吋） | | 51 | | | | | |
| | | 5/16 钻杆使用（吋） | | 63.5 | | | | | |
| | 最小值孔轴部径（mm） | | 2300 | 2100 | 2000 | 1800 | 1800 | 1700 | |
| | 最大扩底径（mm） | | 4100 | 3700 | 3600 | 3200 | 3100 | 3000 | |
| | 最大掘削深度（m） | 5/14 钻杆使用（吋） | | 53 | | | | | |
| | | 5/16 钻杆使用（吋） | | 65.5 | | | | | |
| 掘削扭矩（kN·m） | | | 98/68/39 | | | | | | |
| 动力箱 | | | 三菱 6D24-TLE2A | | | | | | |
| 配重（t） | | | 20 | | | | | | |
| 设备总重量（t） | | | 96.5 | | | | | | |
| 平均接地压力（kPa） | | | 115 | | | | | | |
| 扩底液压力（MPa） | | | 11 | | | | | | |

（2）直孔段钻孔终孔后及时将扩底钻机就位，利用十字护桩线对中扩底机钻头中心，保证扩底机位置，然后开始下放钻头，下放至设计标高位置开始扩底。MH5510B 钻机就位见图 5.2-22。

图 5.2-21　MH5510B 钻机

图 5.2-22　MH5510B 扩底钻机就位

#### 4. 桩底斜面、立起面扩底

（1）扩底施工前，在地面确认扩底抓斗的扩幅大小，记录此时的油压千斤顶的油量读数，施工时根据油量读数确定扩幅大小。

（2）扩底过程中，密切关注钻机操作室电脑显示屏幕，观察扩底进程。

（3）扩底时孔内保持优质泥浆护壁，并维持孔内泥浆液面高度不低于地面 1m，确保孔壁稳定。

（4）沈阳北站项目桩型分为一个扩大头及两个扩大头，一个扩大头位置在桩顶（距地面约 31m），另一个扩大头在桩底（距地面 68m 左右）；上部扩削需要 7h，下部扩削需要 6h，总体扩削需要 22h。

MH5510B 钻机现场扩底施工见图 5.2-23，扩底电脑显示屏幕见图 5.2-24。

图 5.2-23　MH5510B 钻机扩底

■ OMR工法扩底显示屏幕

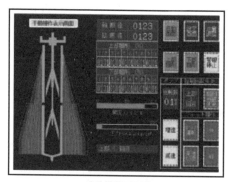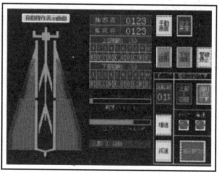

手动操作画面①　　　　　　自动操作画面①

图 5.2-24　MH5510B 钻机操作室电脑显示屏幕技术参数

#### 5. 扩底后 SCS 法二次清孔

（1）扩底完成后，移开扩底桩机。

（2）OMR 工法扩底桩采用专用的 SCS 清孔系统，采用泵吸反循环原理，把潜水泵置于孔底，利用泵的抽吸力，使孔内泥浆通过管路向上排出的一种方式。当泵工作时，泵在其进入口处形成负压，孔内的残渣被强制排出至集渣池中，经沉淀后的泥浆以自流的方式或用吸浆泵自孔口流至孔内，形成泥浆循环。

（3）具体 SCS 法二次清孔内容见本章第 5.3 节详述。

### 6. 超声波测孔

（1）OMR 工法在扩底后采用智能超声波测孔技术，对扩底段进行检测。

（2）采用 DM682 超声波检测仪进行现场检测，检测时利用绞车将探头放入孔内，依靠自重保持测试探头处于铅垂位置，通过振荡器产生电脉冲，随后转化为声波，通过接收器接收反馈信号；检测结束后，DM682 超声波检测仪可将检测结果打印。

DM682 超声波检测仪见图 5.2-25，现场检测见图 5.2-26。

图 5.2-25　现场实时打印桩成孔

### 7. 吊放钢筋笼、安放灌注导管、灌注混凝土前三次清孔

（1）MH5510B 扩底成孔并检测合格终孔后，报监理验收，开始吊放钢筋笼、安放灌注导管。

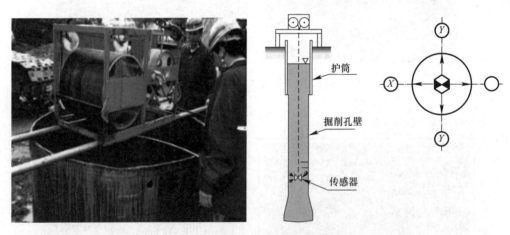

图 5.2-26　智能超声波测孔检测

（2）吊放钢筋笼和安放灌注导管连续进行。吊放钢筋笼见图 5.2-27，安放灌注导管见图 5.2-28。

（3）灌注混凝土前，测量孔底沉渣，如发现超标则采用泵吸反循环清孔。

### 8. 灌注桩身混凝土成桩

（1）清孔满足要求后，即进行桩身混凝土灌注，混凝土按设计要求使用缓凝混凝土。

（2）灌注过程保持连续，及时拔除导管。

（3）灌注混凝土时控制好桩顶混凝土面标高。

图 5.2-27　吊放钢筋笼

图 5.2-28　安放灌注导管

### 9. 逆作法立柱安装定位

（1）混凝土灌注成桩后，即进行逆作法钢管结构柱后插法：安装定位。

（2）钢管结构柱安放后，对现场进行清理。

## 5.2.8　材料与设备

### 1. 材料

本工艺施工材料主要包括膨润土、钢筋、电焊条等。

### 2. 设备

本工艺施工涉及的主要机械设备见表 5.2-2。

主要施工机械设备配置表　　　　　　表 5.2-2

| 机械、设备名称 | 型号规格 | 数量 | 备注 |
| --- | --- | --- | --- |
| 扩底机 | MH5510B | 1 台 | 扩底 |
| 清孔设备 | SCS 成套 | 1 套 | 清孔 |
| 孔壁测定器 | DM682 | 1 套 | 测孔垂直 |
| 全回转钻机 | HRD-2000 | 1 套 | 插桩平台 |
| 挖机 | XE200A | 1 台 | 清理、回填 |
| 泥浆泵 | 3PN | 1 台 | 泥浆抽吸 |

## 5.2.9　质量控制

### 1. 扩底钻进

（1）扩孔施工前，检查扩孔钻斗张开与闭合状态的尺寸与设计要求是否相符，并检查扩孔钻斗液压系统、电源信号系统，确保正常工作。

（2）扩底桩设计相关数据在施工前输入施工管理装置电脑，并根据指令系统进行操作管理。

（3）旋挖钻进成孔到达设计深度后，尽快转换全液压扩底钻头进行扩底施工。

（4）扩底施工时，在影像监视系统监视和自动管理中心指示下施工，通过回转扩底铲斗旋转进行切削挖掘，实施水平扩底。

（5）扩底过程中慢速钻进，确保扩孔质量，铲斗所容纳钻渣及时提升并带至地面。

（6）扩孔施工时，在影像装置监控下，严格控制每次扩孔量和铲斗出土量。

（7）扩孔过程中，及时补充泥浆，以确保孔壁质量。

**2. 扩底钻机垂直度**

（1）确保机械场地平整坚固，可铺钢板、硬化路面。

（2）通过机内水平尺调整机械水平。

（3）调整钻杆的垂直度，两个方向经纬仪观测。

（4）钻掘过程中及时观测调整。

**3. 扩底扩削泥浆**

（1）泥浆材料选用膨润土或者黏土，可适当增加一些增黏剂及烧碱制作。

（2）泥浆性能：黏度 18~28s、相对密度 1.05~1.25、含砂率 6%、pH＝8~10。

（3）施工过程中，及时清理泥浆循环沟、池的废渣，通过良好的泥浆性能保持扩底段的孔壁稳定。

### 5.2.10 安全措施

**1. 扩底钻进**

（1）场地进行平整、压实，并进行硬地化，确保旋挖钻机、扩底桩机钻进时不发生沉降。

（2）扩底桩设计相关数据在施工前输入施工管理装置电脑，并根据指令系统进行操作管理。

（3）旋挖钻进成孔达到设计深度后，尽快转换全液压扩底钻头进行扩底。

（4）扩底时，在影像监视系统监视和自动管理中心指示下施工，通过回转扩底铲斗旋转进行切削挖掘，实施有效水平扩底。

（5）扩底过程中慢速钻进，确保扩孔质量，铲斗所容纳泥土及时提升并带到地面。

**2. 吊装作业**

（1）扩底钻头、钢筋笼、灌注导管等吊装作业前，配备专门的司索工现场指挥，配置合格的吊具和钢丝绳。

（2）吊装作业时，无关人员撤离吊装半径范围。

## 5.3 逆作法中超深超大直径扩底灌注桩清孔施工技术

### 5.3.1 引言

随着城市建设的发展，对于桩基的承载能力要求也越高，桩基逐步向超深、大直径、桩端扩底方向发展，要保证成桩质量，清孔技术是关键之一。超深超大直径桩及扩底桩清孔难度在于以下几方面，一是超深孔的孔底泥渣厚，清孔路径超长，寻常孔口泵吸设备吸力明显不足；二是超深孔中段的泥浆十分浓稠，孔底泵吸设备难以下放；三是桩径超大，在桩中心位置清孔，难以有效清理孔底四周沉渣。

目前，扩底灌注桩常规清孔方式有泵吸反循环抽浆法清孔、气举反循环清孔。此类常规的清孔方法耗时较长，并且对于直径 3m 以上的超深、超大直径桩的清孔效果并不理想。为确保超深超大直径桩及扩底桩的清孔质量，五广（上海）基础工程有限公司研发出一种专门用于在超深超大直径桩及扩底桩中进行清孔的新型工艺，称为 SCS 清孔系统。

天津地铁 10 号线昌凌路站中间桩柱工程，其中间桩为大直径扩底灌注桩，孔深 62m，直孔段桩径 2m，扩底段直径 4m。针对超深超大直径扩底桩清孔存在的上述问题，综合项目实际条件及施工特点，项目组开展"逆作法超深超大直径扩底灌注中间桩清孔施工技术"研究，通过对 SCS 清孔系统的实际应用，达到了清孔便利、操作简单、清孔速度快、成桩质量好的效果。

### 5.3.2　工程实例

#### 1. 工程概况

昌凌路站为天津地铁 10 号线中间站，工程场地位于天津市西青区，昌凌路与丽江道交口处西侧，沿雅乐道东西向布置。本工程昌凌路站基坑设计采用逆作法施工，32 根结构采用钢管柱＋灌注扩底桩形式，其中钢管柱直径 $\phi800mm$（$t=25mm$）Q345、长 26.61m，钢管柱内混凝土采用 C50 自密实混凝土，钢管柱插入灌注桩顶混凝土内 3m。永久柱下灌注桩为旋挖扩底灌注桩，其在施工阶段作为竖向支撑，为受压构件；使用阶段参与主体结构抗浮，为受拉构件；旋挖扩底桩直孔段直径 2000mm，扩底直径 4000mm，扩大头两个；桩身采用 36h 超缓凝 C35P8 钢筋混凝土，有效桩长 34m、32m。

#### 2. 地层分布

本工程灌注桩最大孔深为 62m，根据地质勘察资料，该场区桩长范围内地层自上而下为填土层、粉质黏土、含砂粉质黏土。

#### 3. 施工过程情况

本项目前期对桩基施工工艺做了充分的市场调研和技术论证，最终选择采用直孔段旋挖钻进、桩端 OMR 扩底、SCS 系统二次清孔工艺施工。本项目灌注桩施工采取的工艺技术措施主要包括：

（1）旋挖钻进主要针对轴部直孔段直径 2m 的桩孔位施工，孔深 57～62m，共完成 32 根桩；OMR 扩底工艺主要针对直径 4m 的扩底部位施工，每根桩 2 处扩底部位，共完成 64 处扩底施工，具体见图 5.3-1。

图 5.3-1　现场 OMR 扩底施工

（2）OMR 扩底完成后，采用超声波仪进行孔壁探测，显示扩底效果良好。检测结果打印效果见图 5.3-2。

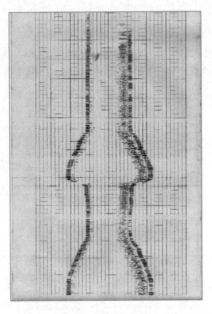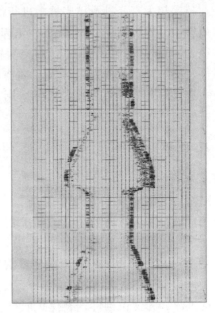

图 5.3-2　扩孔后超声波 X、Y 向探测图

（3）对于超深超大直径扩底桩的清孔，采用 SCS 清孔方法，确保了清孔效果，孔底沉渣厚度满足设计要求，使成桩质量得到有效保证，验证了 SCS 清孔对超深超大直径扩底桩清孔的良好效果。SCS 系统二次清孔见图 5.3-3。

图 5.3-3　SCS 系统现场二次清孔

#### 4. 桩基检测情况

本工程基坑开挖后，采用低应变、超声波检测等对灌注桩进行现场检测，桩身完整性、孔底沉渣、混凝土强度等全部满足设计及规范要求，均达到 I 类桩标准。

### 5.3.3　工艺特点

#### 1. 操作便利

本工法采用的 SCS 泥浆清孔系统，为一体化设计，具有自主行走能力，体积小、重量轻；配置的液压驱动卷扬收放装置安放定位方便，通过转动可以调节升降速度；自带排泥管，不需另外配置混凝土导管进行清孔；清孔过程中负载过大时，负载检测装置即进行报警，操作人员能及时将抽砂泵提起至正常负荷深度，提升清渣效果。

#### 2. 清孔效果好

SCS 泥浆清孔系统配置的潜水泵的泥渣处理端头，下放过程中即可进行有效清孔，能处理深度 100m 内的沉渣，可确保清孔后桩底沉渣满足设计和规范要求；通过调整吊臂状态，改变端头在孔内的截面位置，可对孔内难以有效清理的四周沉渣进行高效清孔，达到工效最大化。

**3. 经济性好**

潜水泵泥渣处理端头清孔效果好，桩底沉渣少，确保桩身灌注质量的同时避免产生质量通病的处理时间和费用；采用 SCS 泥浆清孔设备清孔效率高，泥渣经泥浆分离处理设备处理后可循环使用，现场干净、整洁，总体施工综合成本低。

**4. 安全环保**

本工艺通过泥浆分离处理设备进行泥渣分离，经处理后的泥浆循环入孔，泥渣直接外运，大大减少了现场泥渣量，满足绿色、环保的要求。

### 5.3.4　适用范围

适用于孔深 100m、最小孔径 0.8m、扩底直径 4m 的灌注桩清孔；适用于在钢筋笼放置前先进行的一次清孔，或者在钢筋笼放置后再进行的二次清孔。

### 5.3.5　工艺原理

本工艺在气举反循环清孔的基础上，结合泵吸反循环清孔原理，系统性地融合两种清孔原理，大大提升泵吸反循环清孔的工效与可靠性。

**1. SCS 清孔系统组成**

本清孔工艺所述的 SCS 清孔系统包括液压驱动卷扬收放装置、潜水抽砂泵等，其尺寸为 6450mm（搬运时全长）、2000mm（宽）、2500mm（高）。SCS-22 清孔系统尺寸示意见图 5.3-4，SCS 系统实物见图 5.3-5、图 5.3-6。

**2. SCS 清孔系统的构造与功能**

（1）液压驱动卷扬收放装置

液压驱动卷扬收放装置的液压驱动卷扬筒上绕有排泥管、卷扬钢丝、起吊皮带，卷扬钢丝前端连接潜水抽砂泵，且潜孔抽砂泵的出液口连接排泥管，潜孔抽砂泵上连接潜水抽砂泵负载检测装置。

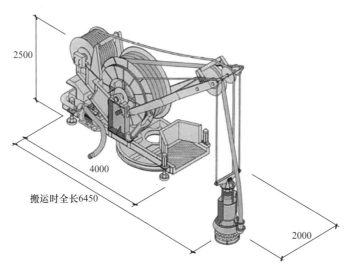

图 5.3-4　SCS-22 清孔系统尺寸示意图

图 5.3-5 SCS 清孔系统（履带式）

图 5.3-6 SCS 清孔系统（面板式）

清孔过程中，潜水抽砂泵负载检测装置实时监控潜水泵泥渣处理端头的荷载，当负荷显示的数值大于 80A 以上，将潜水泵泥渣处理端头慢慢提起至小于 80A 的深度，之后再缓慢下放潜水泵泥渣处理端头，并且在 80A 时开始清孔，当显示数值变小后再下放潜水泵泥渣处理端头，如此反复操作，提升清渣效果。

SCS 系统液压驱动卷扬收放装置组成见图 5.3-7，潜水抽砂泵负载检测装置见图 5.3-8，SCS 系统卷扬实物见图 5.3-9。

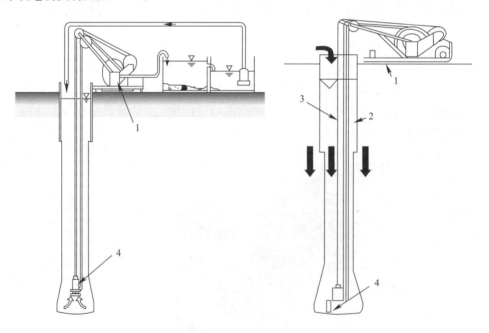

1—液压驱动卷扬收放装置；2—排泥管；3—卷扬钢丝；4—潜水抽砂泵

图 5.3-7 SCS 清孔系统组成

（2）潜水抽砂泵

潜孔抽砂泵为携带内置式储压器的潜水抽砂泵，其潜水深度可达 100m。潜孔抽砂泵前端设置泥渣处理端头，具体见图 5.3-10。

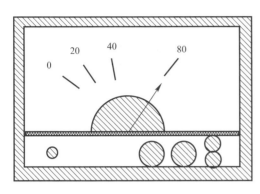

图 5.3-8　潜水抽砂泵负载
检测装置

图 5.3-9　SCS 清孔系统卷扬装置

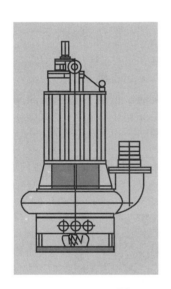

图 5.3-10　SCS 清孔系统潜孔抽砂泵及泥渣处理端头

SCS 潜水抽砂泵泥渣处理端头由以下 5 个主要部分组成，一是连接管，用于传输泥浆；二是喷射泵，用于将泥浆喷射输出；三是喷射孔，用于喷出泥浆；四是抽吸泵，用于吸入泥浆；五是排浆管，用于排出泥渣。喷射泵与抽吸泵上下组合，各自发挥不同的作用。SCS 潜水泵泥渣处理端头结构图见图 5.3-11，实物图见图 5.3-12。

### 3. SCS 系统清孔工艺原理

SCS 清孔系统的潜水泵泥渣处理端头在清孔

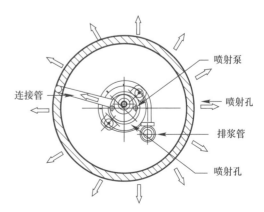

图 5.3-11　SCS 潜水泵泥渣处理端头结构图

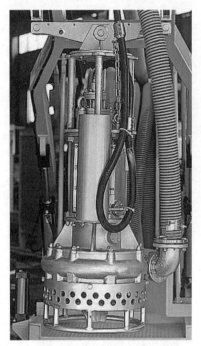

图 5.3-12　SCS 潜水泵泥渣
处理端头实物

时直至孔底，其采用 2 个泵组合，分别为上部喷射泵、下部排浆泵，2 个泵通过上下组合的方式，各自发挥不同的作用。

一次清孔在钻进成孔至设计深度后进行，操作 SCS 清孔系统，将潜水泵泥渣处理端头于孔口下放，下放的过程中即可同步清孔。清孔时，先开启排浆泵吸入低浓度泥浆，后打开喷射泵，泵出高压低浓度泥浆，将高压低浓度与浓稠泥浆混合，此混合物重度小于孔内泥浆的重度，由此在潜水泵泥渣处理端头的附近产生低压区，当高压低浓度泵泥浆连续泵出使得附近达到一定的压力差后，混合浆体将上升流动，扰动大直径桩孔四周的残渣；此时关闭喷射泵，排浆泵中的叶轮迅速转动，加速大直径桩四周被扰动的残渣向中间聚拢，排浆泵吸入泥浆，经由排浆管道排出。清孔过程中，及时注入循环泥浆，保证孔内泥浆水头高度不变。

喷射泵运行后，吹动孔内泥浆稀释超深桩中、下段的浓稠泥浆，同时扰动大直径桩四周的泥渣，将其向中间聚拢，排浆泵主动吸入并排出不断翻起的沉渣，使得潜水泵泥渣处理端头能够在泥浆浓稠处顺利下放直至孔底；喷射泵使得大直径桩四周沉渣被动向中间聚拢，由排浆泵产生泵吸反循环，将沉渣主动吸入并排出；经过循环操作，直至将孔底沉渣清除至设计要求范围内。

SCS 系统清孔工艺原理见图 5.3-13，现场清孔作业见图 5.3-14、图 5.3-15。

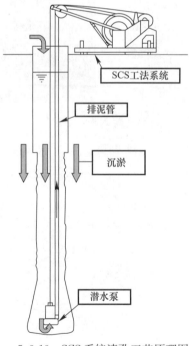

5.3-13　SCS 系统清孔工艺原理图

图 5.3-14　SCS 清孔作业

## 5.3.6　施工工艺流程

逆作法中超深超大直径扩底灌注桩 SCS 系统清孔施工工序流程见图 5.3-16。

图 5.3-15　SCS 清孔
作业

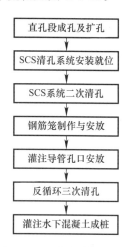

```
直孔段成孔及扩孔
    ↓
SCS 清孔系统安装就位
    ↓
SCS 系统二次清孔
    ↓
钢筋笼制作与安放
    ↓
灌注导管孔口安放
    ↓
反循环三次清孔
    ↓
灌注水下混凝土成桩
```

图 5.3-16　扩底灌注桩 SCS
系统清孔施工工序流程图

## 5.3.7　工序操作要点

### 1. 直孔段成孔及扩孔

（1）直孔段钻进前，埋设护筒；护筒埋设采用旋挖钻机预先钻进取土后，吊车安放护筒；安放护筒时，采用吊双向垂线控制垂直度。护筒吊放具体见图 5.3-17。

（2）直孔段成孔直径 2000mm，采用旋挖钻斗取土钻进，保持孔内泥浆液面高度，直至设计桩底标高位置，旋挖钻进见图 5.3-18。

图 5.3-17　埋设护筒

图 5.3-18　直孔段旋挖钻进成孔

（3）旋挖钻机直孔段终孔后，采用旋挖捞渣斗进行一次清孔，将孔底沉渣尽可能捞出；随后采用 OMR 工法扩底，扩底成孔直径 4m，扩底钻头见图 5.3-19。

图 5.3-19　直径 4m 扩底钻头

（4）扩底达到设计要求后，进行终孔验收，现场检查桩径、桩长、桩孔垂直度、桩端持力层等。

（5）本工艺为深孔作业，终孔后始终保持泥浆性能指标满足规范要求，可采用将调制好的优质泥浆泵入孔内，以保持孔壁稳定和良好携渣能力。

**2. SCS 清孔系统安装就位**

（1）捞渣斗捞渣后，孔底仍会存在沉渣，此时采用 SCS 进行二次清孔，以确保扩底钻头底下至直孔段底。

（2）使用履带式起重机将 SCS 清孔设备移动至孔位，具体见图 5.3-20。

图 5.3-20　SCS 清孔设备

（3）本项目选用 SCS-22 清孔设备，具体参数、指标见表 5.3-1。

SCS-22 清孔设备参指标表　　　　表 5.3-1

| 参数 | | 指标 |
| --- | --- | --- |
| 尺寸 | 长×宽×高 | 6450mm×2000mm×2500mm |
| 质量 | 主机质量 | 6.20t |
| | 水泵质量 | 0.80t |
| | 总质量 | 7.00t |
| 电力 | 电动功率 | 11.0kW |
| | 水泵功率 | 22.0kW |
| | 总功率 | 33.0kW |
| 起伏与旋转驱动方式 | | 油压驱动 |
| 卷起设备装置 | 排泥管长度 | 80m |
| | 电缆线长度 | 80m |
| | 吊绳长度 | 80m |
| 有效深度 | | 设置面—73m |
| 有效最小直径 | | $\phi 1100mm$ |
| 处理能力 | | 1.5m³/min |

（4）设备安全连接电源后，检查泥浆管、潜水泵泥渣处理端头是否正常工作，若发生异常立即停机检查维修；若无异常，操作 SCS 设备将潜水泵泥渣处理端头放入孔内，具体见图 5.3-21。

### 3. SCS 系统二次清孔

（1）启动 SCS 清孔系统电源，操作 SCS 清孔系统，将潜水泵泥渣处理端头于孔口下放，开始清孔。

（2）下放过程中，记录入孔深度，交替开启喷射泵与抽吸泵，扰动浓稠泥浆，使得潜水泵泥渣处理端头顺利下放，同时高效吸出沉渣。SCS 清孔作业见图 5.3-22。

5.3-21　潜水泵泥渣处理端头下放　　　　图 5.3-22　SCS 清孔作业

（3）清孔过程中，始终观测潜水抽砂泵负载检测装置负荷显示的数值，当负荷数值大于 80A 以上，将潜水泵泥渣处理端头慢慢提起至小于 80A 的深度，之后再缓慢下放潜水泵泥渣处理端头，当显示数值变小后再下放潜水泥渣处理端头。

（4）清孔过程中，时刻观察孔内泥浆状况，及时加入优质泥浆，保持孔内泥浆的液面位置在护筒口下 1m 左右。

（5）清孔过程排浆管排出的泥浆通过分离处理设备进行泥渣分离，分离后的优质泥浆返回灌注孔内进行循环清孔；对分离后的沉渣进行清理，并集中堆放、及时外运。现场泥渣分离处理见图 5.3-23。

（6）在测得孔底沉渣厚度满足设计要求后，及时吊放钢筋笼。

### 4. 钢筋笼制作与安放

（1）钢筋笼制作严格按设计图纸加工制作，并进行隐蔽验收，验收合格后方可投入使用。

图 5.3-23　泥渣分离处理

（2）钢筋笼采用吊车多点起吊，在桩孔正上方对中扶正后缓缓匀速下放，具体见

图 5.3-24。

### 5. 灌注导管孔口安放

（1）由于大直径、深孔作业，灌注导管选用直径300mm无缝钢管，导管使用前进行闭水试验，合格后投入使用。

（2）导管居中安放，严禁触碰钢筋笼，以免导管在提升时将钢筋笼提起；导管连接时，涂抹黄油、加密封圈，确保连接紧密；导管底部距孔底0.3～0.5m，并在孔口用灌注卡板固定。现场安放灌注导管见图5.3-25。

图 5.3-24　钢筋笼下放　　　　　　图 5.3-25　现场安放灌注导管

### 6. 反循环三次清孔

（1）导管安放完毕，测量孔底沉渣厚度；如沉渣厚度超标，则采用在导管口接上潜水电泵反循环进行三次清孔。

（2）清孔过程中始终维持孔内泥浆液面高度，保证孔壁稳定。

（3）清孔过程中，定期派专人对孔底沉渣厚度和泥浆指标进行监控，当孔底沉渣厚度、泥浆相对密度、含砂率、黏度等符合规范要求后，停止清孔作业。泵吸反循环清孔见图5.3-26。

### 7. 灌注水下混凝土

（1）清孔合格后，由监理工程师验收同意后下达灌注令，立即开始灌注水下混凝土，最大限度地缩短准备时间。

（2）混凝土灌注时，在每辆混凝土罐车卸料完毕后，对桩孔内混凝土面上升高度进行测量，根据埋管深度及时拆管。

图 5.3-26　现场二次清孔作业

（3）灌注水下混凝土保持连续紧凑作业，现场灌注桩身混凝土见图5.3-27。

### 5.3.8　材料与设备

#### 1. 材料

本工艺所使用的材料主要有混凝土、钢筋、焊
条等。

#### 2. 设备

本工艺所涉及设备主要有 SCS 清孔系统设备、
履带式起重机、泥浆分离处理设备等。

### 5.3.9　质量控制

#### 1. 潜水泵检查

（1）清孔作业前，检查泥浆管、潜水泵泥渣处
理端头是否正常工作，排除异常；检查排浆管有无
渗漏、异常声响，确保正常清孔。

图 5.3-27　现场桩身混凝土灌注

（2）吊起下入前，检查吊具可靠性，防止清孔作业时出现脱落。

#### 2. 清孔作业

（1）潜水泵泥渣处理端头下放开始清孔作业时，由专人操控并监控，根据反循环情况
及时调整喷射泵与排浆泵。

（2）清孔时，时刻注意孔内泥浆水位，及时注入优质泥浆，保持孔内水头高度，确保
孔壁稳定。

（3）清孔完成后，测量孔底四周沉渣厚度；若不满足设计要求，则采用 SCS 进行多点
清孔，直至满足设计要求。

### 5.3.10　安全措施

#### 1. 设备吊装就位作业

（1）履带式起重机由持证专业人员操作。

（2）清孔设备吊装就位操作时，指派专人现场指挥。

（3）每天班前对清孔设备配置的钢丝绳进行检查，对不合格钢丝绳及时进行更换。

#### 2. 清孔作业

（1）清孔前，电工安排设备接电，并检查清孔设备接电情况，确保用电安全。

（2）清孔设备由专业人员现场操作。

（3）每次使用清孔设备进行清孔前，对排浆管进行漏浆检查，对有漏浆现象的排浆管
进行更换，更换过后再次检查有无漏浆现象。

# 第6章 逆作法结构柱定位配套新技术

## 6.1 逆作法钢管柱后插法钢套管与千斤顶组合定位施工技术

### 6.1.1 引言

当深基坑支护工程采用逆作法施工工艺时，上部钢管结构桩加下部灌注桩为常见的支护形式之一。深圳市城市轨道交通14号线大运枢纽中间段基坑开挖平均深度21m。场地范围内地层自上而下分布为素填土、粉质黏土、砾砂、粉质黏土、全风化粉砂岩及强、中、微风化花岗岩层，中风化岩以上覆盖层厚度超过60m；车站开挖设计采用盖挖逆作法，围护结构采用地下连续墙，竖向支撑构件为灌注桩内插钢管结构柱，钢管柱作为主体结构的一部分，设计采用后插法工艺。钢管结构柱桩基设计为扩底灌注桩，桩端持力层为强风化岩，直孔段桩径2500mm、扩底直径4000mm，平均孔深55m，其中钢管结构柱平均长25m，设计钢管桩直径1300mm，钢管桩底部嵌入基础灌注桩顶4m。设计钢管结构柱中心线与基础中心线允许偏差±5mm，钢管结构柱垂直度偏差不大于长度1/1000且最大不大于15mm。深基坑逆作法大直径钢管结构柱施工垂直度控制要求高，钢管结构柱定位施工难度极大。

本项目的技术关键点在于大直径钢管结构柱在插入灌注桩后的准确定位，由于钢管结构柱超长且直径大，钢管结构柱采用后插法插入灌注桩顶面混凝土后，一旦钢管结构柱出现偏差，受钢管柱截面大的影响，进行钢管结构柱的底部纠偏调节难度大，需要反复起拔重新插入，完成定位耗时、耗力。

为了解决大直径超长钢管结构柱后插精准定位施工存在的问题，通过现场试验、总结、优化，项目组提出了"逆作法钢管柱后插法钢套管与液压千斤顶组合定位施工技术"，即钢套管为钢管结构柱的定位纠偏垂直度提供导向定位，将护壁钢套管使用全回转钻机下至灌注桩设计桩顶以上位置后，采用旋挖钻机直孔段成孔至设计深度，改换专用旋挖扩底钻头扩底后灌注桩身混凝土成桩；再采用全套管全回转钻机后插法工艺实施钢管结构柱安放，安放时通过预先在钢管结构柱的中下部位置设置的4个可调节液压千斤顶，在钢管结构柱插入桩顶混凝土后，钢管柱顶利用超声波成孔检测仪对钢管结构柱的垂直度进行实时动态监测，并根据测得的偏差值，通过操作液压千斤顶回顶钢套管，对钢管结构柱进行偏差调节，最终完成后插法钢管结构柱的定位。通过现场定位操作实践，达到了定位精确可靠、提高定位效率的效果。

### 6.1.2 工艺特点

#### 1. 定位控制精度高

本工艺采用全回转钻机安放钢套管并成孔，下放钢管结构柱后，采用"超声成孔检测仪"测出钢管结构柱的垂直状态，并利用4个对称设置在钢管结构柱上的液压千斤顶回顶钢套管，对钢管结构柱进行偏差调节并完成定位，确保了钢管结构柱的准确定位。

### 2. 综合施工效率高

本工艺采用钢管结构柱、工具柱在工厂内预制加工，制作精准度高；采用全回转钻机安放钢套管，利用旋挖钻机完成直孔段和扩底段施工，钻进成孔速度快；采用全回转钻机后插钢管柱，利用液压千斤顶与钢套管、超声波检测协同配合进行定位，大大提升综合施工效率。

### 3. 降低施工成本

液压千斤顶自动调节垂直度且可以重复利用，定位精准快捷，节省大量辅助作业时间，加快了施工进度，综合施工成本低。

## 6.1.3　适用范围

适用于基坑逆作法直径≤1300mm 的钢管结构柱后插法施工。

## 6.1.4　技术路线

为了有效实施结构柱纠偏，拟定以下技术路线：

### 1. 设计液压千斤顶调节偏差

当出现钢管结构柱下插灌注桩内发生定位偏差后，由于安插在灌注桩顶部混凝土内的钢管柱直径大，钢管柱的位置调节需要克服较大的阻力，采用对钢管柱顶部调节的方法难以对钢管柱底部进行纠偏。因此，设想在钢管柱的中下部设置一套液压纠偏系统进行偏差调节定位。

### 2. 设置千斤顶回顶钢套管支撑

由于钢管结构柱定位时其处于钻孔的覆盖层内，土层孔壁无法提供液压千斤顶系统回顶力。为此，拟在钢管结构柱部分的钻孔段设置护壁钢套管，以便为液压千斤顶对钢管柱纠偏时提供回顶支撑点。

### 3. 采用全回转钻机安放钢套管

由于钢套管作为千斤顶回顶支撑，钢套管安放的垂直度将直接影响回顶时的精度，施工过程对钢套管安放的垂直度要求高。为此，拟采用全回转钻机实施钢套管安放，确保护壁钢套管的垂直度满足要求。

### 4. 实时测控纠偏

当液压千斤顶、钢套管纠偏系统工作时，需要提供实时的精准定位偏差数据。为此，设想在钢管结构柱顶部设置一套超声波检测仪，对钢管结构柱中心点位置偏差进行实时监控，并与液压千斤顶、钢套管纠偏调节系统协同工作、同步纠偏、反复校核，直至定位精度满足要求。

## 6.1.5　后插钢管柱钢套管与液压千斤顶组合定位系统

根据上述技术路线，本节所述的综合定位系统由钢套管、液压千斤顶、超声成孔检测仪三部分组成，构成对钢管结构柱的纠偏和精确协调定位。

### 1. 钢套管

钢套管的作用主要表现为两方面：一是作为千斤顶对钢管结构柱纠偏时的千斤顶的回顶支撑；二是钻进过程中起钻孔护壁作用。

钢套管为钢管结构柱的定位纠偏垂直度提供导向定位，为保证结构桩垂直度，钢管结构柱施工采用全套管全回转钻机安放，套管内采用抓斗或旋挖钻机取土，套管采用分节下入、孔口接长安放到位。为保证钢套管在完成结构柱定位后顺利拔出，钢套管的底部安置于灌注桩设计顶标高以上 1.0m 控制，钢套管长度约 20m，以避免钢套管底部埋入灌注桩顶混凝土内导致钢套管起拔困难，具体见图 6.1-1。

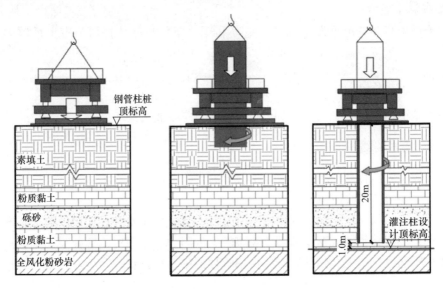

图 6.1-1　全回转钻机安放钢套管示意图

### 2. 液压千斤顶

（1）千斤顶位置设计

为确保千斤顶回顶效果，根据现场试验、优化，将千斤顶安放在钢管结构柱中部偏下位置，即安装在钢管柱约 15m 位置，具体见图 6.1-2。

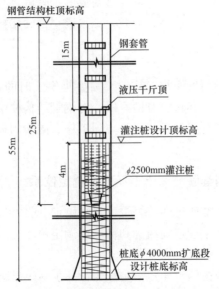

图 6.1-2　钢套管孔内液压千斤顶设置安放示意图

（2）千斤顶结构

千斤顶对称设置共4组，单个装置由1个钢板焊接而成的独立长方形卡槽及1套液压千斤顶组成，长方形卡槽焊接在法兰盘上，液压千斤顶放置在卡槽内，千斤顶随钢管结构柱下放至预定位置，千斤顶连接提拉铁链、液压管连接千斤顶引至地面的操作箱。千斤顶安装示意见图6.1-3，千斤顶安装实物见图6.1-4。

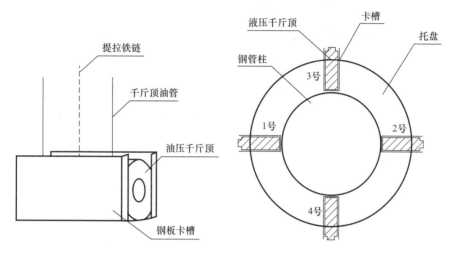

图 6.1-3　液压千斤顶安装设置示意图

### 3. 超声波检测仪

（1）超声波检测仪设置和选择

钢管柱下放至设计标高后，将超声波检测仪架设在钢管结构柱工具柱顶，并从工具柱中心孔内下放实施探测。选用 UDM100WG 检测仪，其测量精度 0.2%FS，测量最大孔径 4.0m。超声波仪器见图6.1-5。

（2）超声波检测原理

将超声波传感器沿充满泥浆的钻孔中心以一定速率下放，在探头下放过程中，自动接收并记录垂直孔壁的超声波脉冲反射信号，可以直观对孔内 $X$、$X'$、$Y$、$Y'$ 4 个方向同时进行孔壁状态

图 6.1-4　液压千斤顶实物图

监测，可以通过屏幕显示孔径、垂直度等参数，检测数据可以随时回放或打印输出，便于数据资料的分析和管理。超声波检测仪为液压千斤顶回顶钢套管，调节钢管结构柱垂直度提供实时的动态监控数据，具体见图6.1-6。

### 6.1.6　钢管柱、千斤顶、检测仪协同测控定位原理

当钢管结构柱后插入灌注桩顶混凝土后，在钢管柱顶设置超声波检测仪测定钢管柱垂直度，同时在孔口根据测量的钢管柱偏差数据，操作液压千斤顶调节 4 个千斤顶缩放，并通过钢套管为液压千斤顶提供支撑点和调节点，对钢管结构柱垂直度进行实时动态调节定

位；通过反复数据测量、自动回顶调节操作，直至钢管柱中心点与钢套管中心点重合。具体钢管柱中心点偏差调节定位过程见图 6.1-7～图 6.1-9。

图 6.1-5　超声波成孔检测仪

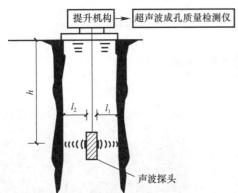
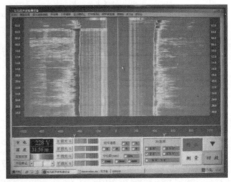

图 6.1-6　检测仪检测示意平面图及数据显示屏

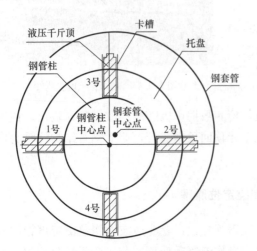
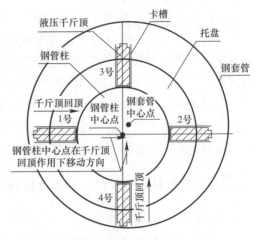

图 6.1-7　钢管柱后插垂直度、
中心点偏差状态示意图

图 6.1-8　千斤顶回顶套管调节钢管柱
垂直度、中心点示意图

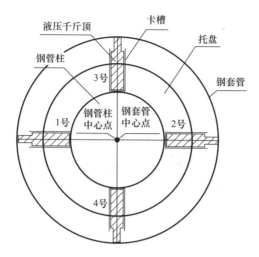

图 6.1-9 钢管柱垂直度调节后中心点重合示意图

## 6.1.7 施工工艺流程

逆作法钢管柱后插法钢套管与液压千斤顶组合定位施工工艺流程见图 6.1-10。

## 6.1.8 工序操作要点

### 1. 平整场地、桩位放线定位、全回转钻机就位

（1）由于旋挖机、全回转设备等都是大型机械设备，对场地要求高，施工前需要对场地进行硬地化处理。

（2）采用 JAR-260H 型全回转钻机，钻机功率 368kW，最大钻孔直径 2.6m，本项目设计桩径 2.5m，可以满足需求。

（3）全回转钻机高度为 3.02m，为适应旋挖机能正常工作，预先将地面降低 80cm。

（4）用全站仪测量放线定位桩位坐标点，以"十字交叉法"引至四周用短钢筋做好护桩。

（5）全回转钻机就位前，先安放定位板，定位板安放到位后吊放全回转钻机；定位板四个角设置定位卡槽，钻机就位时对中定位板卡槽准确对位。

（6）全回转钻机就位后利用四角油缸支腿调平，并对钻机中心点进行复核，确保钻机中心位置与桩位中心线重合。

全回转定位板安放见图 6.1-11，钻机对中定位板就位见图 6.1-12，钻机就位见图 6.1-13。

### 2. 全回转钻机安放钢套管

（1）为保证钢管结构桩垂直度及防止钻孔坍塌，护壁采用钢套管，钢套管采用全回转钻机安放。因钢管结构柱底部混凝土桩桩径为 2.5m，故选用直径 2.5m、壁厚 30mm、钢套管长度每节 4m 或 6m、平均总长 20m。

图 6.1-10 后插法钢套管与液压千斤顶组合定位施工工艺流程图

（2）钢套管在专门钢结构厂定制，出厂前检查合格后进场。使用前对各节套管编号，做好标记，按序拼装。

图 6.1-11　安装定位板

图 6.1-12　钻机对中定位板

图 6.1-13　全回转钻机就位

（3）套管检查完毕后，用全回转钻机分节安放钢套管。安放时，将全回转钻机就位对中，压进底部钢套管时，用全站仪检查其垂直度，待底部套管被压入约 1.5m 后，检查套管中心与桩中心的偏差，保证偏差值满足规范要求。

（4）全回转钻机回转驱动套管的同时下压钢套管，使用冲抓斗钢套管取土，抓斗取土时保证套管底超过成孔深度 2m 左右，当每节套管压入桩孔内到在平台上剩余 50cm 时，及时接入下一节套管。

（5）在钢套管压入过程中，用全站仪不断校核垂直度，并利用钻机上垂直调节系统来调整钢套管垂直度，直至将套管安放至指定深度。钢套管的长度按基坑底以上 1.0m 进行控制。

全回转钻机安放钢套管护壁护筒见图 6.1-14，钢套管安放到位见图 6.1-15。

图 6.1-14　全回转钻机安放钢套管

图 6.1-15　钢套管护筒安放到位

### 3. 旋挖钻机直孔段钻进成孔

（1）钢套管护筒安放到位后移开全回转钻机，山河 SEDM550 旋挖钻机就位进行钻进成孔作业。

（2）旋挖钻进作业过程中，采用旋挖钻斗取土钻进，并实时监测钻孔深度和垂直度等控制指标，达到设计孔深后进行清孔捞渣作业。旋挖钻机钻进见图 6.1-16。

### 4. 旋挖钻机桩底扩底

（1）旋挖钻机施工至桩底设计标高后，转换旋挖扩底钻头，对桩底进行扩底。

（2）扩底钻头边旋转边加压，并在钻进中边旋转边伸展钻头斗门，通过预先设置的扩底钻进行程控制扩底直径，直至完成扩底施工至 4000mm。

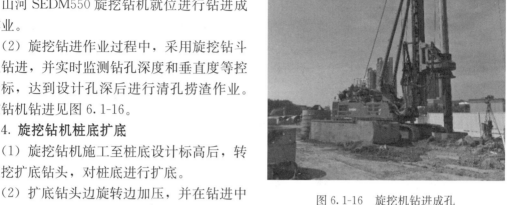

图 6.1-16　旋挖机钻进成孔

（3）扩底钻进完成后，进行清孔，清孔采用旋挖捞渣钻头或反循环进行。

扩底钻头及扩底钻进见图 6.1-17。

图 6.1-17　旋挖钻机扩孔钻头

### 5. 钢筋笼制安、导管安放、灌注桩身混凝土

（1）清孔到位后，吊放钢筋笼；钢筋笼采用分段制作，每节最大长度不超过 30m，在孔口用套筒连接。

（2）采用直径 300mm 导管对桩身混凝土进行灌注，为了保证成桩质量，严格控制孔底沉渣，钢筋笼、灌注导管下放到位后进行灌注前清孔；清孔采用气举反循环清孔，循环泥浆经净化器分离处理。

（3）孔底沉渣符合设计要求后，即实施桩身混凝土灌注；为保证后续有充足的时间安放纠偏钢立柱等工序，采用不小于24h的超缓凝混凝土；灌注时，严格控制灌注高度和埋管深度，控制混凝土的灌注标高，防止混凝土灌入钢套管中导致后续难以拔出。

钢筋笼安放见图6.1-18，现场灌注桩身混凝土见图6.1-19。

图6.1-18　钢筋笼吊装及套筒连接

图6.1-19　桩身灌注混凝土

### 6. 万能平台及全回转钻机就位

（1）钢管结构柱底部桩基混凝土灌注完成后清理场地，重新校核、定位钢管结构柱中心点。

（2）万能平台采用双层双向十字重合就位方法，即万能平台就位后调整水平并复核，确保平台设备的中心点与钢管结构柱中心保持一致，见图6.1-20、图6.1-21。

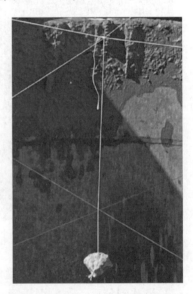

图6.1-20　定位平衡板中心点就位

（3）随后吊运全回转钻机至万能平台上，就位后调整全回转钻机水平状态并进行复核，确保全回转设备的中心点与钢管结构柱中心保持一致，全回转钻机吊装就位见图6.1-22。

图 6.1-21　复核定位平衡板中心点　　　　图 6.1-22　全回转钻机再就位

### 7. 钢管结构柱与工具柱现场对接

（1）钢管结构柱与工具柱采用同心同轴平台进行对接，对接原理是根据钢管结构柱和工具柱半径的不同，预先制作满足完全精准对接要求的操作平台，平台按设计精度的理想对接状态设置，并采用弧形金属定位板对柱体进行位置约束，确保钢管柱和工具柱吊放至对接平台后两柱处于既同心亦同轴状态，将固定螺栓连接后即可满足高效精准对接。对接原理见图 6.1-23。

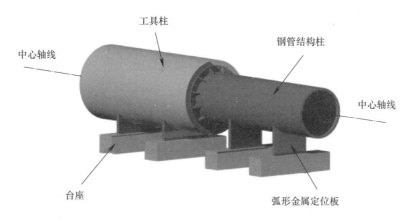

图 6.1-23　钢管结构柱与工具柱对接平台三维模型示意图

（2）现场制作同心同轴平台时，先浇注高 30cm 的 C25 混凝土台座；弧形金属定位板选用厚度为 10mm 的钢板，严格按照钢管柱和工具柱的半径尺寸加工制作，在定位板两端焊接槽钢固定。根据设计标高位置将弧形金属定位板嵌固在台座上，对接平台实物图见图 6.1-24、图 6.1-25。

（3）钢管结构柱、工具柱吊运至对接平台后，对两柱连接处螺栓口位置进行微调对准；钢管柱和工具柱连接处的螺栓口对准后，插入螺栓。钢管结构柱和工具柱垂直度检核满足要求后，即可开始进行焊接固定；焊接完成后，钢管柱与工具柱连接处的空隙采用密封胶二次密封，对接完成后整体就位，具体见图 6.1-26。

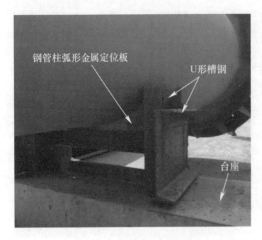

图 6.1-24　钢管柱对接平台

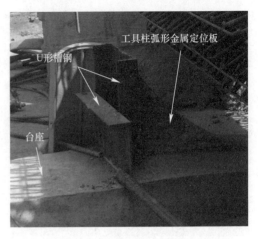

图 6.1-25　工具柱对接平台

图 6.1-26　钢管柱和工具柱连接固定螺栓

### 8. 钢管结构柱及千斤顶安放

（1）钢管柱设计直径 1.3m，平均长度约 25m。为了保证钢管结构柱的垂直度，钢管结构柱按照设计长度在钢加工厂一次性加工成型，并在厂内完成与现场同规格的工具柱的试拼接工作，然后整体运至现场。

（2）采用后插法工艺安放钢管结构柱，钢管结构柱底部设计为封闭的圆锥体，为了防止钢管结构柱底部的栓钉刮碰钢筋笼，影响钢管柱的顺利安放，沿竖向在每排栓钉的外侧加焊一根 $\phi 10mm$ 的光圆钢筋。

（3）安装液压千斤顶装置

1）单个装置为 1 个钢板焊接而成的独立长方形卡槽及 1 套液压千斤顶组成，共计 4 组；

2）安装位置及方法：钢管柱连接时，先在钢管柱约 15m 位置安装托盘，将 4 个长方形卡槽均匀分布焊接在托盘上。在钢管柱下放至孔口时，将 4 个液压千斤顶放在钢板卡槽里，千斤顶连接铁链、液压管连接千斤顶引至地面的操作箱。千斤顶随钢管结构柱下放到预定位置，为后续钢管桩定位纠偏做准备，液压千斤顶安装实物见图 6.1-27、液压千斤顶操作箱见图 6.1-28。

（4）采用 200t 的履带式起重机作为主吊、80t 的履带式起重机作为副吊，利用双机抬吊吊起钢管结构柱至垂直状态，然后缓慢插入钢套筒内。

（5）当钢管结构柱下放至混凝土面时，用全回转设备和万能平台的夹紧装置同时抱紧工具柱。万能平台和全回转设备均处于水平状态，依靠两点定位原理，保证钢管结构柱处于垂直状态。

（6）松开万能平台夹片由全回转设备抱紧插入钢管结构柱，插入一个行程后万能平台抱紧工具柱，全回转钻机松开夹紧装置并上升一个行程然后夹紧工具柱，循环重复以上动作直至钢管柱插入至设计标高（入基坑底 4m），钢管结构柱起吊及安放见图 6.1-29。

千斤顶安装位置

图 6.1-27　千斤顶安装实物

图 6.1-28　液压千斤顶操作箱

图 6.1-29　钢管结构柱起吊及安放图

（7）钢管柱安放到位后采用全站仪再次进行复测，钢管柱安放后复测见图 6.1-30。

**9. 钢管柱顶设置超声波实时监测**

（1）在钢管结构柱安放完成后，将"UDM100WG 超声成孔检测仪"架设在钢管结构柱工具柱中心点处上，见图 6.1-31。

（2）超声波传感器（探头）在升降装置的控制下从孔口匀速下降入孔，探头向孔内周围的四个方向同时发射超声波脉冲，超声波脉冲穿过泥浆介质，在遇到孔壁时被反射回来至探头并转换为超声信号。

图 6.1-30　钢管柱就位后复测

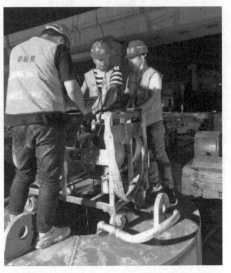

图 6.1-31　超声成孔检测仪测垂直度

（3）超声信号传送至检测仪控制器上并分析和管理资料数据，并在控制器上直观地形

图 6.1-32　千斤顶液压管加压

成钻孔孔径、垂直度、孔壁坍塌等状况，为液压千斤顶调节提供实施监测。

**10. 钢管柱液压千斤顶协同调节定位**

（1）在工具柱顶上，根据检测仪测定的钢管柱位置偏差值，动态调节 4 个千斤顶伸缩，通过钢套管为液压千斤顶提供支撑点和调节点，对钢管结构柱垂直度进行实时调节定位。

（2）通过反复偏差数据测量、自动回顶调节操作，直至钢管柱中心点与钢套管中心点重合，千斤顶调节液压油管加压见图 6.1-32。

**11. 固定钢管柱、移出全回转钻机**

（1）待桩身混凝土 24h 终凝后，移出全回转钻机。

（2）为了避免钢管结构柱变形，移出全回转钻机前用 4 块钢板将工具柱对称焊接固定在孔口钢套管上，现场焊接固定钢板见图 6.1-33、图 6.1-34。

**12. 灌注钢管结构柱内混凝土**

（1）全回转钻机移出后，吊运装配式混凝土灌注平台固定在工具柱顶部位置。

（2）平台吊装完成后，采用吊车吊放灌注导管和初灌斗至钢管结构柱内。

（3）罐车将混凝土卸入料斗内，采用吊车吊运料斗至初灌斗进行柱内混凝土的灌注，灌注至钢管柱顶标高；混凝土采用 C35 补偿收缩混凝土，并加入少量的微膨胀剂。

图 6.1-33　工具柱与钢套管临时焊接

图 6.1-34　工具柱与钢套管固定

钢管柱柱内混凝土灌注见图 6.1-35。

**13. 拆除千斤顶、拆除工具柱**

（1）钢管结构柱内混凝土灌注完成后，为了避免钢管结构柱下沉，需等待柱内混凝土初凝并达到一定的强度后方可拆除工具柱，一般等待不少于24h。

（2）拆除工具柱前，将 4 个液压千斤顶泄压，拉动连接千斤顶的铁链，将千斤顶拉出孔外，将其拆除。

图 6.1-35　钢管柱柱内混凝土灌注

（3）人工下入工具柱内，清除工具柱底的混凝土，拆除工具柱与钢管柱连接螺栓，见图 6.1-36、图 6.1-37；连接螺栓拆除后，割除工具柱与套管的临时固定钢块，将工具柱拆除。

图 6.1-36　清除工具柱底混凝土

图 6.1-37　拆除工具柱与钢管柱连接螺栓

**14. 回填碎石、拔出钢套管**

（1）为了避免钢管结构柱受力不均发生偏斜，在拆除工具柱前对钢管结构柱与钢套管间隙回填碎石，采用人工沿四周均匀回填。

（2）碎石回填完成拆除工具柱后，用振动夹配合吊车拔除钢套管，或用全回转转钻机起拔。

（3）钢套管拔出后，再对孔内进行碎石回填至地面，完成钢管结构柱施工。

拔除钢套管见图 6.1-38，回填碎石见图 6.1-39。

图 6.1-38　拔除钢套管

图 6.1-39　孔内回填碎石

### 6.1.9　材料与设备

#### 1. 材料及器具

本工艺所用材料及器具主要为钢套管、混凝土、钢筋、钢板、连接螺栓、护壁泥浆、灌注料斗等。

#### 2. 设备

本工艺现场施工主要机械设备见表 6.1-1。

主要机械设备配置表　　　　　　　　　　　　　表 6.1-1

| 设备名称 | 型号 | 数量 | 备注 |
|---|---|---|---|
| 全回转钻机 | JAR-260H | 1台 | 下压钢套管、配2套万能平台 |
| 旋挖机 | 山河 SEDM550 | 1台 | 配合成孔 |
| 液压千斤顶 | JRRH-100T | 4套 | 回顶钢套管 |
| 履带式起重机 | 200t | 1台 | 吊装作业 |
| 履带式起重机 | 80t | 1台 | 吊装作业 |
| 挖掘机 | PC200 | 1台 | 配合施工作业 |
| 振动夹 | 360 | 2台 | 拔除钢套管 |
| 泥浆泵 | 3PN | 2台 | 泥浆循环 |

| 设备名称 | 型号 | 数量 | 备注 |
|---|---|---|---|
| 超声成孔检测仪 | UDM100WG | 1 套 | 钢管柱垂直度检测 |
| 电焊机 | ZX7-400T | 10 台 | 现场钢筋焊接 |

### 6.1.10　质量控制

#### 1. 钢管结构柱中心线

(1) 采用十字交叉法定位出桩位中心线后，对桩位中心做好标记。

(2) 旋挖钻机成孔时，实时监控垂直度情况。出现偏差及时调整。

(3) 定位板放置前，保证场地平整、坚实。

#### 2. 钢管结构柱垂直度

(1) 垂直方向设置两台全站仪，在钢管柱下压过程中监测工具柱柱身垂直度，出现误差及时调整。

(2) 工具柱顶部使用超声成孔检测仪，钢管结构柱安放后通过检测仪上的数据为调节钢管结构柱垂直度提供实时的动态监控数据。

#### 3. 钢管结构柱水平线

(1) 钢管柱下放到位后，在工具柱顶选 4 个点对标高进行复测，误差控制在 5mm 范围以内。

(2) 混凝土初凝时间控制在 36h，以避免钢管柱下放到位前桩身混凝土初凝，使得钢管柱无法下插至桩身混凝土内。

#### 4. 液压千斤顶安装及使用

(1) 液压千斤顶的规格选型满足现场的实际需求。

(2) 安放液压千斤顶的钢板长方形卡槽在钢管柱托盘上焊接牢固，防止脱落。

(3) 液压千斤顶及供油管在安装前检查密封性，保证正常工作。

#### 5. 钢管结构柱进场验收

(1) 为了保证焊接质量和加工精度要求，钢管结构柱按设计尺寸在工厂内进行加工定做。

(2) 钢管结构柱加工完成后，提前在工厂内与现场同规格型号的工具柱进行试拼装，确保满足设计要求。

(3) 钢结构的焊缝检验标准为Ⅱ级，焊缝进行 100% 的超声波无损探伤检测，超声波无法对缺陷进行探伤时采用 100% 的射线探伤。

(4) 构件在高强度螺栓连接范围内的接触表面采用喷砂或抛丸处理。

(5) 进场后组织监理对钢管结构柱进行验收，钢管壁厚及构件上的栓钉、加劲肋板的长度、宽度、厚度等符合设计要求。

#### 6. 钢筋笼及钢管结构柱安装

(1) 钢筋笼分段制作，每段长度不超过 30m，在孔口进行套筒连接接长。

(2) 为了保证拼接质量，钢管结构柱与工具柱在专用的加工操作平台上对接。

(3) 钢筋笼和钢管结构柱吊装前，对工人进行安全技术交底，吊装时有信号司索工进行指挥，采用双机抬吊方法起吊。

### 7. 混凝土灌注

（1）混凝土灌注时导管安放到位，并保证足够的初灌量满足埋管要求。

（2）混凝土浇灌过程中，始终保证导管的埋管深度在 2～6m。

（3）钢管结构柱四周间隙及时进行回填，采用碎石以人工沿四周均匀、对称的方式回填。

### 6.1.11  安全措施

#### 1. 钢管柱和工具柱对接

（1）钢管柱、工具柱进场后，按照施工分区图堆放至指定区域，要求场地地面硬化不积水，分类堆放，搭设台架单层平放，使用木楔固定防止滚动。

（2）吊车分别将对接的钢管结构柱、工具柱吊放至对接平台上，吊装时扶稳、对准。

（3）现场钢管柱及工具柱较长较重，起吊作业时派专门的司索工指挥吊装作业；起吊时，施工现场起吊范围内的无关人员清理出场，起重臂下及影响作业范围内严禁站人。

（4）测量复核人员登上钢管柱时，采用爬楼登高作业，并做好在钢管顶部作业的防护措施。

#### 2. 全回转钻机及旋挖钻机施工

（1）作业前，对全回转钻机及旋挖钻机进行试运转，检查液压系统、防护装置等是否正常。

（2）施工场地进行平整或硬化处理，确保旋挖钻机、全回转钻机等大型机械施工时不发生沉降。

（3）旋挖钻机钻进作业时，机械回转半径内严禁站人；钻机成孔时如遇卡钻，立即停止下钻，未查明原因前不得强行启动。

（4）钻孔取出的渣土集中堆放并及时清理，不得在孔口随意堆放；泥浆池进行围挡，孔口溢出的泥浆及时处理。

#### 3. 钢管结构柱下放及吊装作业

（1）对钢管结构柱的吊运进行验算，严禁使用不满足吊运能力的设备作业。

（2）起重吊装作业设专人进行指挥，作业时吊车回转半径内人员全部撤离至安全范围。

（3）机械设备定期检修，严禁带故障运行及违规操作。

（4）全站仪、超声成孔检测仪等设备由专人操作。钢管柱下放到位后，柱顶为测设标高放置的棱镜安放平衡，避免掉入孔内。

（5）钢管柱安装到位，下入工具柱内进行工具柱拆除时，需佩戴好安全帽、安全绳等防护设备。

# 6.2  逆作法钢管柱装配式平台灌注混凝土施工技术

## 6.2.1  引言

钢管结构柱作为基坑逆作法施工基础桩的一种常见形式，一般采用全套管回转钻机定位以满足其高精度要求。全套管回转钻机最高约 3.5m，而钢管桩顶标高一般位于地面以下，因此在施工时一般采用钢管结构柱顶连接工具柱的方式定位，以满足全套管回转钻机孔口定位需求。

图 6.2-1 采用全回转钻机灌注钢管结构柱混凝土

在钢管结构柱定位施工过程中，钢管结构柱内混凝土灌注对整个施工工艺流程影响较大，关乎混凝土灌注的质量以及作业人员的安全。通常的施工方法是在采用全回转钻机完成结构柱定位后，继续利用钻机平台实施钢管结构柱内混凝土的灌注，具体见图 6.2-1。

为更大发挥全回转钻机的功效，采取将全回转钻机吊离柱位，采用固定式灌注平台吊至工具柱孔口位置，在平台上进行混凝土灌注，这种固定式平台的灌注方法简便易行、安装快捷，作业现场见图 6.2-2、图 6.2-3。

图 6.2-2 吊离全回转钻机

图 6.2-3 固定式平台灌注结构柱混凝土

但受钢管结构柱顶标高、工具柱长度不同的影响，工具柱露出地面的标高位置存在较大差异，以至于固定灌注平台作业高度无法适应所有工具柱孔口灌注作业，作业人员时常需要站在高处且防护缺失的位置进行混凝土灌注作业，存在较大安全隐患。现场固定式灌注平台作业情况见图 6.2-4。

针对上述问题，项目组对钢管结构柱内混凝土灌注工艺进行了研究，在工具柱孔口设置一种装配式平台灌注混凝土，较好解决了因工具柱露出地面标高变化导致需频繁调整平台高度的问题，达到实用便捷、提升工效、安全可靠、降低成本的效果。新型灌注作业装配式平台见图 6.2-5。

### 6.2.2 工艺特点

#### 1. 安装、使用便捷

本工艺所述的装配式平台根据现场工具柱尺寸制作，吊装固定于工具柱顶部即可满足灌注作业要求，不受工具柱顶标高影响，适用性强，安装使用便捷。

图 6.2-4　固定式平台不满足灌注安全　　图 6.2-5　工具柱孔口装配式平台灌注混凝土

### 2. 提升工效

本工艺所述的装配式平台安装步骤简单，安装时间短，大大缩短钢管结构柱混凝土灌注前的准备时间，有效提升施工工效。

### 3. 操作安全、可靠

本工艺所述的装配式平台作业面铺设钢板并开设直径略小于工具柱的作业洞口，平台置于工具柱的顶部，平台牢靠稳固；平台的底部四个侧面采用竖向设置的 U 形槽钢加螺栓将槽钢与工具柱固定，同时设置安全作业护栏和爬梯，保证作业人员安全。

### 4. 降低成本

新型装配式平台施工耗材少，且无需根据工具柱露出地面标高制作，单个平台可重复使用，节约资源和成本。

## 6.2.3　适用范围

适用于直径 800～1800mm 钢管结构柱、工具柱内灌注混凝土作业和钢管结构柱高度 5m 以内的平台灌注作业。

## 6.2.4　装配式平台结构

本工艺所述的装配式灌注平台系统主要由灌注操作平台、竖向固定角撑和辅助设施组成。具体见图 6.2-6、图 6.2-7。

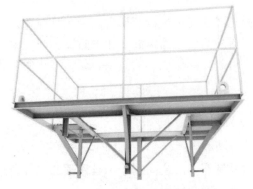
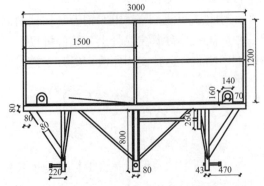

图 6.2-6　装配式灌注平台三维模型　　　　图 6.2-7　装配式平台详细尺寸

### 1. 灌注操作平台

（1）灌注操作平台主要包括U形槽钢支撑骨架、钢板。

（2）平台由U形槽钢焊接而成，U形槽钢骨架完成后在其上铺设钢板，作为操作平台上部承重结构。灌注作业平台模型与实物具体见图6.2-8。

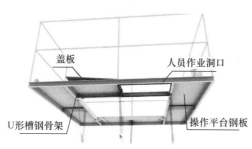

图6.2-8　灌注作业装配式平台三维模型与现场实物

### 2. 竖向固定角撑

（1）竖向固定角撑共设置4个，每个角撑由3根U形槽钢焊接呈三角形，每个角撑另设由两根钢筋焊接而成的加固撑，竖向固定角撑采用螺栓固定。竖向固定角撑三维模型示意及现场实物见图6.2-9、图6.2-10。

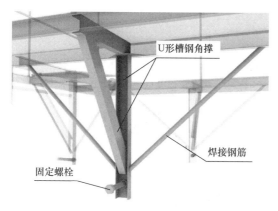

图6.2-9　灌注作业装配式平台竖向　　　　图6.2-10　灌注作业装配式平台竖向
　　　　固定角撑三维模型　　　　　　　　　　　　　固定角撑实物

（2）平台的竖向固定角撑将平台定位于工具柱顶部，再通过竖向槽钢上的螺栓将平台固定于工具柱上，同时U形槽钢以及钢筋焊接而成的加固撑对平台起到稳固、支撑作用。竖向固定角撑与工具柱固定方式三维模型及实物见图6.2-11。

### 3. 辅助设施

本平台辅助设施包括作业安全护栏、起重吊耳及爬梯，具体见图6.2-12、图6.2-13。

### 6.2.5　装配式灌注平台作业原理

本工艺所述的钢管结构柱内灌注作业装配式平台的主要原理包括：

### 1. 装配式结构平台

本平台设计为装配式结构，采用整体制作、整体吊装、一次性安装，并固定在连接钢管结构柱的工具柱口，其不受柱的标高位置影响，具体见图6.2-14。

图6.2-11 固定角撑与工具柱固定方式三维模型及现场实物

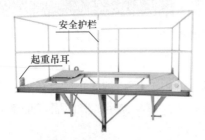

图6.2-12 平台辅助设施三维模型示意及现场实物

图6.2-13 灌注平台人行爬梯　　　图6.2-14 灌注作业装配式平台与工具柱固定方式三维模型

### 2. 平台水平稳固、竖向角撑固定

（1）采用吊车将灌注平台吊至工具柱顶面，平台预留工作洞口，洞口直径略小于工具柱的直径，平台吊放时稳稳地置于工具柱口，确保平台在平面上得以稳固支撑。

（2）平台底部在工具柱的四周设置竖向固定角撑，四个角撑与工具柱壁紧贴，在垂直方向将平台予以限位，并使用钢筋斜撑对平台进行加固。

（3）采用螺栓对竖向固定角撑进行固定，进一步确保平台稳固。

（4）在平台四周设置安全护栏和安全网，以及人行上下爬梯，确保操作人员作业安全。

### 6.2.6 施工工艺流程

基坑逆作法钢管结构柱灌注作业装配式平台作业施工工艺流程见图6.2-15。

### 6.2.7　工序操作要点

以深圳罗湖区翠竹街道木头龙小区更新单元项目基坑逆作法钢管结构柱施工为例，工具柱直径 1900mm。

#### 1. 装配式平台制作

本工艺所述的装配式平台系统主要由灌注操作平台、竖向固定角撑组成。灌注作业装配式平台尺寸主要参照项目现场工具柱尺寸设计制作，验收合格后使用。

（1）灌注操作平台

主要由 U 形槽钢支撑骨架、平台钢板及平台辅助设施组成。

U 形槽钢支撑骨架由 8 根 8 号 U 形槽钢焊接而成，中心设置灌注作业洞口，同时保证装配式平台与工具柱之间有充足的搭接空间。支撑骨架详细尺寸见图 6.2-16。

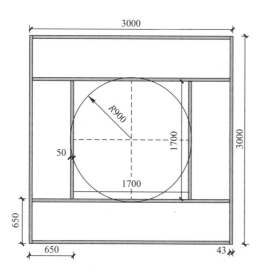

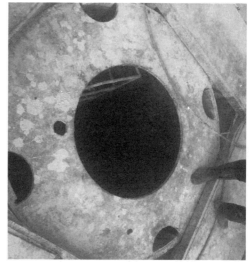

图 6.2-16　工字钢支撑骨架尺寸图

平台钢板采用 10mm 钢板铺设，预留操作人员爬梯上平台作业洞口；同时，在洞口处设置盖板，在人员上下后及时封盖，保证平台作业人员安全。平台钢板详细尺寸及现场实图见图 6.2-17。

（2）竖向固定角撑

主要包括 U 形槽钢角撑、固定螺栓、钢筋加固撑。U 形槽钢角撑：由 3 根 8 号 U 形槽钢焊接而成，其中竖向 U 形槽钢距底部 80mm 处设置固定螺栓。固定螺栓：螺栓长度为 220mm，直径为 24mm，螺距为 8mm。钢筋加固撑：两根直径为 25mm 的钢筋与竖向 U 形槽钢焊接，起到加固角撑稳定性的作用。

（3）辅助设施：包括起重吊耳、安全护栏、安全网、爬梯。起重吊耳用 30mm 钢板切割焊接而成，对称设置 4 个；安全护栏用直径 25mm 的螺纹钢筋焊接而成，护栏整体高度 1200mm，护栏螺纹钢筋底部焊接于 U 形槽钢支撑骨架上，并在栏杆上铺设安全网；爬梯

（右侧流程图）

灌注作业装配式平台制作

↓

平台吊放

↓

平台居中定位

↓

平台螺栓固定

↓

装配式平台混凝土灌注

图 6.2-15　逆作法钢管结构柱灌注作业装配式平台作业施工工艺流程图

单独设置，架设于平台的作业洞口处。

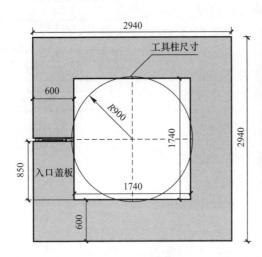

图 6.2-17　平台钢板详细尺寸图及现场实图

### 2. 平台吊放

（1）全回转钻机钢管结构柱下放定位完成后，将全回转钻机吊离。

（2）将灌注作业装配式平台使用吊车吊放，吊装过程中派司索工现场指挥，同时隔离无关人员，保证吊装范围作业安全。装配式平台吊放见图 6.2-18。

图 6.2-18　平台吊放至工具柱孔口

### 3. 平台居中定位

（1）吊车将平台吊放至工具柱顶面，置于工具柱孔口，中心点与工具柱孔口中心重合；此时，检查平台与工具柱口之间的重叠面，保持平台位置居中，具体吊装见图 6.2-19。

（2）装配式平台居中放置于工具柱孔口时，将平台人行作业洞口方向朝向便于人员上下的适当位置，同时保证平台水平。具体吊装位置见图 6.2-20。

### 4. 平台螺栓固定

（1）检查平台安放符合要求后，采用螺栓将平台竖向角撑固定于工具柱上。

（2）螺栓安装前，清除丝扣泥渣，保持螺栓的完好状态。

（3）螺栓顺丝扣入竖向固定的角撑螺母内，先用手拧紧，再使用扳手拧牢，平台螺栓固定见图 6.2-21。

（4）确认平台固定稳固后，作业人员检查确认平台的稳定性和安全性。

图 6.2-19　装配式平台置于工具柱平面重叠放置并保持居中

图 6.2-20　装配式平台
人员爬梯入口位置

图 6.2-21　平台竖向角撑螺栓固定

**5. 装配式平台混凝土灌注**

（1）平台安装完成并经验收合格后，开始混凝土灌注准备，具体见图 6.2-22。

图 6.2-22　准备灌注作业

（2）采用吊车吊放灌注导管和初灌斗时，注意起吊高度，防止吊物移动时碰撞平台护栏，具体见图 6.2-23、图 6.2-24。

223

图 6.2-23　平台上起吊灌注导管

图 6.2-24　平台上起吊灌注斗

（3）灌注作业期间，拆卸的导管、料斗以及其他工器具，不得堆放在作业平台上，及时吊至地面堆放，严格控制平台负荷，具体见图 6.2-25、图 6.2-26。

图 6.2-25　装配式平台上灌注钢管结构柱内混凝土

（4）装配式平台作业空间有限，平台上严格控制操作人员，一般不多于 4 人同时作业；操作人员登平台作业时，正确佩戴安全带；操作人员上下时，使用人行爬梯。具体平台作业见图 6.2-27。

图 6.2-26　灌注过程中拆卸的料斗和导管堆放于地面

图 6.2-27　装配式平台混凝土灌注作业

## 6.2.8　材料与设备

### 1. 材料

本工艺所使用的材料主要包括 U 形槽钢、制作平台的钢板、螺纹钢筋、螺栓、焊条等。

### 2. 设备

本工艺所需机械设备见表 6.2-1。

主要机械设备配置表　　　　　　　　　表 6.2-1

| 名称 | 型号、尺寸 | 功用 |
| --- | --- | --- |
| 装配式平台 | 自制 | 工具柱孔口灌注混凝土 |
| 履带式起重机 | QUY55 | 起吊灌注平台、导管、灌斗 |
| 灌注导管 | 直径 30cm | 水下混凝土灌注 |
| 灌注斗 | 3m³ | 初灌 |
| 电焊机 | BX3-500 | 焊接设备 |

## 6.2.9　质量控制

### 1. 作业平台制作

（1）平台制作材料经检验合格后使用。

（2）平台尺寸按照工具柱的直径确定，严格按设计规格制作，确保平台满足现场使用要求。

（3）平台制作时焊接符合相关质量要求，做到焊缝饱满。

（4）平台制作完成后，对平台制作质量进行全面检查，验收合格后投入使用。

### 2. 平台吊装及使用

（1）平台吊装时，采用多点起吊，防止平台发生变形。

（2）平台吊装就位时，检查平台坐落于工具柱上的位置，确保平台与工具柱平面的重叠范围和中心位置满足要求。

（3）平台吊装到位后，再次将平台进行居中对准、校平；同时，拧紧固定螺栓将平台固定在工具柱上。

### 6.2.10 安全措施

**1. 作业平台制作**

(1) 制作平台焊接前，做好动火报批，并做好安全防护。

(2) 平台制作时，焊接作业场地周围清除易燃易爆物品，或进行覆盖、隔离。

(3) 平台中心对称设置 4 个起重吊耳，确保满足现场吊装设备吊索扣件要求。

**2. 平台吊装及使用**

(1) 装配式平台起吊作业时，派专门的司索工指挥吊装作业。

(2) 现场作业时，保持一定的起吊高度，防止碰撞平台；起吊时，施工现场内起吊范围内的无关人员清理出场，起重臂下及影响作业范围内严禁站人。

(3) 作业人员登上下平台时，采用专用爬梯，并派人监护。

(4) 作业人员登上平台后，及时将平台盖板盖上，保证混凝土灌注作业过程安全。

(5) 平台作业时，严禁超员、超负荷，限制不超过 4 人同时作业。

# 6.3 逆作法灌注桩多功能回转钻机接驳安放定位护筒技术

## 6.3.1 引言

在深厚松散填土、淤泥质土、粗砂等地层中进行灌注桩施工时，容易发生缩颈、塌孔等问题，此时需要采用下入深长护筒穿过不良地层和透水层，使护筒底端进入有效隔水层以达到护壁效果。

深圳市罗湖区木头龙小区更新项目桩基工程于 2020 年 6 月开工，基坑开挖采用"中顺边逆"方法施工，本项目逆作区面积约 6.25 万 $m^2$，地下四层，基坑开挖深度 19.75～26.60m。逆作区基础设计工程桩 632 根，基础采用"钢管结构柱＋灌注桩"形式，底部最大桩径 2800mm、最大孔深 73.5m，桩端进入微风化岩 500mm；钢管结构柱设计后插法工艺，插入灌注桩顶以下 4D（D 为钢管结构柱直径）；场地地层由上至下分布有约平均 15m 厚的松散杂填土、黏土、粉砂、中粗砂等，为确保钢管柱定位和灌注桩钻进孔壁的稳定，按施工方案需埋设最大直径 3000mm、最大长度 17m 的护筒护壁。

传统安放护筒工艺一般采用旋挖钻机预成孔后再吊放护筒，或采用旋挖钻机通过接驳器与护筒连接直接下放护筒，或采用大型振动锤将护筒沉入。采用旋挖钻机预成孔安放护筒时，在上部松散填土、粉砂、中粗砂段孔口处钻进时易塌孔（图 6.3-1）。采用旋挖钻机通过接驳器安放护筒，由于深长护筒下放过程阻力大，旋挖钻机受扭矩限制的影响，仅适用护筒直径 1.2m 及以下的长护筒埋设，对于大直径深长护筒往往无法下放至指定深度，采用接驳器安放护筒见图 6.3-2。而采用振动锤沉放护筒时（图 6.3-3），剧烈的激振力对周边建（构）筑将产生强烈的振动，容易引起扰民甚至造成安全威胁。

针对大直径长护筒下放过程中旋挖预成孔易塌孔、回转安放护筒能力弱、振动锤沉放护筒振动大等问题，经现场试验、优化，总结出一种高效安全的多功能钻机安放大直径深长护筒的方法，该工艺先采用旋挖钻机引孔，后采用特制接驳器将钻机动力头与长护筒顶端相连接，钻机利用超强扭矩回转底部带合金刀头护筒并切削地层，同时借助钻机液压装置下压护筒，直至将护筒下放至指定埋深，有效提高了大直径长护筒的埋设效率，确保了护筒的安放垂直度，为超长护筒安放提供了一种新的工艺方法。

图 6.3-1　旋挖钻机预成孔下护筒时造成孔口坍塌

图 6.3-2　旋挖接驳器全护筒安放　　　　图 6.3-3　振动锤沉放护筒

## 6.3.2　工艺特点

### 1. 操作快捷、高效

本工艺先用旋挖钻机引孔后吊入长护筒，采用特制接驳器将钻机动力系统与护筒连接，通过多功能钻机回转钻进和液压作用将护筒安放到位，操作快捷；多功能钻机专门用于安放护筒，准备多套长护筒，可实现与钻进成孔交叉作业，大大提高工效。

### 2. 施工安全、可靠

本工艺使用的多功能钻机通过液压控制使护筒边回转切削土体边下沉，施工过程无振动，液压控制噪声小，对周围环境无影响，施工过程绿色文明、安全可靠。

### 3. 有效降低成本

本工艺在提升施工效率的同时，大大缩短了工期，且节省了其他设备的机械费用；制作的深长护筒可重复使用，有效降低了成本。

## 6.3.3  适用范围

适用于淤泥质土、松散填土、强透水地层的大直径长护筒安放施工和直径不超过3000mm、深度不超过17m的护筒埋设。

## 6.3.4  工艺原理

### 1. 钻机动力头与护筒接驳原理

（1）接驳接头结构

本工艺采用特制接驳器将钻机动力头与长护筒进行连接，具体通过一对公、母接驳接头来实现，接驳接头结构具体见图6.3-4、图6.3-5（以设计桩径2800mm、对应直径3000mm护筒为例）。

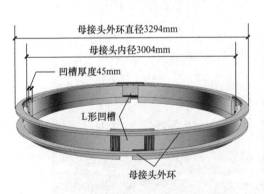

图 6.3-4  母接头凹槽结构

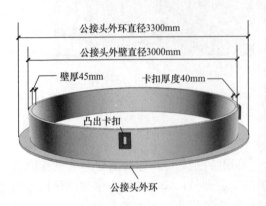

图 6.3-5  公接头凸出结构

为确保护筒受力均衡，在母接头内壁环向均匀设有 4 个"L"形接驳凹槽，在公接头外壁相应位置处设有 4 个凸出卡扣。连接时调整母接头位置，使公接头外壁的卡扣插入母接头内壁的凹槽内，然后母接头旋转，卡扣便卡在凹槽内，接头完成连接，其连接原理见图 6.3-6。另外，两种接头外侧加工有外环，用于传递轴向压力。

（2）连接护筒和钻机动力头的特制接驳器

本工艺采用特制的接驳器将动力头与长护筒相连，特制接驳器采用接驳接头结构的原理进行连接。为此，在护筒顶端设置 4 个公接头凸出卡扣，钻机动力头加工有母接头接驳凹槽，而特制接驳器下端加工有与护筒外径相匹配的母接头结构，上端具有尺寸与钻机动力头相匹配的公接头结构，特制接驳器见图 6.3-7。

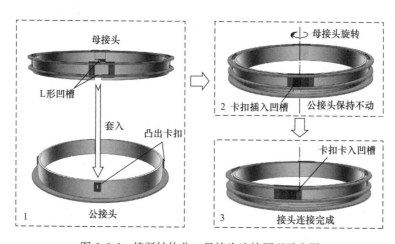

图 6.3-6　接驳结构公、母接头连接原理示意图

图 6.3-7　特制接驳器

（3）特制接驳器连接原理

通过上述接驳接头结构连接原理，采用特制接驳器将钻机动力头、护筒连为一体。

1）钻机动力头与接驳器连接原理及过程

首先，钻机动力头下放与接驳器连接，在动力头部母接头凹槽中的空隙部分用条形销子卡住并用螺栓固定，动力头与接驳器连接原理见图 6.3-8。

2）接驳器将钻机动力头与护筒连接原理及过程

钻机动力头与接驳器连接后，将其移至待连接护筒处，将接驳器下方母接头凹槽与护筒顶端凸起卡扣对准后套入并旋转。此时，钻机与护筒通过接驳器连接完成，连接原理见图 6.3-9。下放护筒时，保持护筒顺时针旋转，待护筒安放到位，将钻机动力头反转上提。此时，接驳器与护筒之间分离，而接驳器与钻机动力头之间由于销子阻挡而避免脱开。

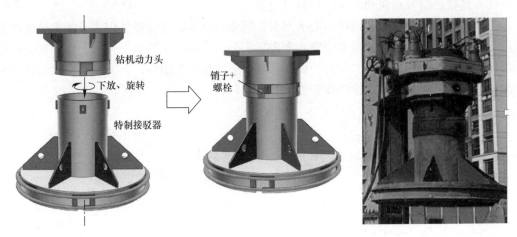

图 6.3-8 钻机动力头与接驳器连接原理及过程

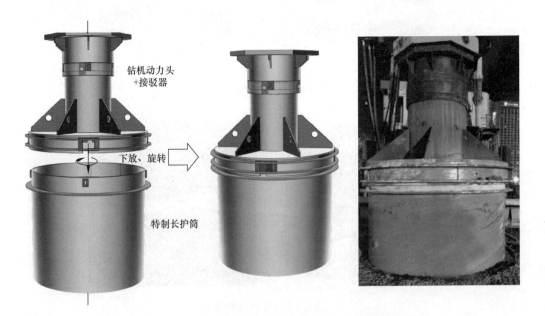

图 6.3-9 接驳器将钻机动力头与护筒连接原理及过程

## 2. 长护筒管靴回转切削原理

护筒根据不同位置所需长度进行工厂定制，一体化成型（图 6.3-10）。护筒顶端加工有凸出卡扣，用于连接上部接驳器凹槽；护筒底端钻头处设有钢制管靴，管靴端部装有合金切削刀头（图 6.3-11），其强度高、硬度大，能够在回转下放过程中跟随钻机动力头旋转，对地层进行强力切削；同时，护筒在钻机液压作用下完成钻进安放。

图 6.3-10　定制的深长护筒

图 6.3-11　护筒底管靴及合金切削刀头

**3. 多功能钻机驱动大直径长护筒钻进原理**

本工艺选择 SHX 型多功能钻机进行大直径长护筒的安放施工,钻机见图 6.3-12。SHX型多功能钻机采用液压回转钻进,其最大输出扭矩可达 520kN·m,成孔最大直径可达3000mm,有效解决了普通旋挖钻机下放大直径长护筒时扭矩不足的困难。多功能钻机回转下放护筒时,通过接驳器凹槽与护筒顶端的凸出卡扣配合来传递扭矩,通过接驳器与护筒的外环来传递轴向压力,使护筒边切削土层边向下钻进,待护筒下放至指定埋深后,将接驳器反转上提,使护筒顶端的凸出卡扣脱离接驳器凹槽,则接驳器与护筒分离,护筒留在桩孔护壁;待钻孔及混凝土桩灌注结束后,利用钻机采用同样方式连接护筒将其拔出。

## 6.3.5　施工工艺流程

大直径灌注桩孔口超深护筒多功能钻机安放工艺流程见图 6.3-13。

图 6.3-12　SHX 型多功能钻机

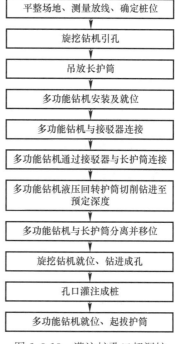

平整场地、测量放线、确定桩位

↓

旋挖钻机引孔

↓

吊放长护筒

↓

多功能钻机安装及就位

↓

多功能钻机与接驳器连接

↓

多功能钻机通过接驳器与长护筒连接

↓

多功能钻机液压回转护筒切削钻进至预定深度

↓

多功能钻机与长护筒分离并移位

↓

旋挖钻机就位、钻进成孔

↓

孔口灌注成桩

↓

多功能钻机就位、起拔护筒

图 6.3-13　灌注桩孔口超深护筒多功能钻机安放工艺流程图

231

### 6.3.6　工序操作要点

以桩径 2800mm、护筒直径 3000mm、护筒长 17m 为例。

**1. 平整场地、测量放线、确定桩位**

（1）由于多功能钻机占用场地较大，施工前将所涉及的场地区域进行平整、压实，尽可能进行硬地化施工，确保钻机正常行走。现场硬地化见图 6.3-14。

（2）依据设计图纸的桩位进行测量放线，使用全站仪测定桩位，桩位中心点处用红漆做出三角标志，放线定位见图 6.3-15；测量结果经自检、复检后，报请监理复核，复核无误并签字认可后进行施工。

图 6.3-14　施工现场硬地化　　　　　　　图 6.3-15　桩位测量放线定位

**2. 旋挖钻机引孔**

（1）选择三一 SR425 型旋挖钻机和外径 3000mm 的钻头，旋挖钻机就位后精心调平。

（2）对孔位时采用十字交叉法对中孔位。

（3）旋挖引孔深度根据现场土质条件，以钻孔不发生塌孔控制，一般引孔深度为 4～8m。旋挖钻机引孔见图 6.3-16。

图 6.3-16　旋挖钻机引孔

**3. 吊放长护筒**

（1）特制长护筒由工厂预制，由拖板车运至施工现场，见图 6.3-17。

（2）采用履带式起重机将护筒竖直吊至已进行引孔的桩孔位置，缓慢下放护筒至引孔深度，保持护筒稳定不偏斜，吊放护筒见图 6.3-18。

**4. 多功能钻机安装及就位**

（1）本工艺选用 SHX 型多功能钻机安放护筒，钻机为液压驱动控制、恒功率变量、大扭矩输出钻进，具备高稳定性的底盘结构设计，适应能力强，其主要参数见表 6.3-1。

图 6.3-17　运送特制长护筒至施工现场

图 6.3-18　吊放长护筒

**SHX 型多功能钻机主要参数** 　　　　　　　　　　　　　　表 6.3-1

| 指标 | 参数 |
| --- | --- |
| 液压系统操纵方式 | 手动及电气控制 |
| 最大立柱长度时最大拉拔力 | 900kN |
| 电动机功率 | 55kW |
| 液压系统压力 | 25/20MPa |
| 最大输出扭矩 | 520kN·m |
| 总重量 | 210t |
| 长×宽 | 12800mm×6800mm |

（2）多功能钻机主要包括液压动力系统、行走系统、提升系统等，其现场安装调试见图 6.3-19。

**5. 多功能钻机与接驳器连接**

（1）钻机动力头与特制接驳器通过卡扣与卡槽连接，在卡槽空隙插入销子并用螺栓固定。钻机动力头与接驳器连接见图 6.3-20。

（2）将已连接接驳器的钻机利用桩机行走机构移动至钻孔（护筒）位置附近，已连接接驳器的钻机见图 6.3-21。

图 6.3-19　多功能钻机进场安装调试

图 6.3-20　钻机与特制接驳器连接

图 6.3-21　多功能钻机就位

**6. 多功能钻机通过接驳器与长护筒连接**

（1）调整多功能钻机动力头位置，使接驳器凹槽对准护筒端部连接环上的凸出卡扣，接驳器凹槽见图 6.3-22，待连接长护筒见图 6.3-23。

（2）缓慢下放接驳器，使护筒凸出的卡扣卡入接驳器凹槽内，旋转动力头，实现两者的连接。已连接完成并准备下放的多功能钻机与长护筒见图 6.3-24。

**7. 多功能钻机液压回转护筒切削钻进至预定深度**

（1）利用多功能钻机的液压装置提供动力旋转下压护筒，使长护筒回转钻进至指定埋深。

（2）护筒钻进时保持钻机稳固，用高精度测斜仪观察护筒垂直度并随时纠偏。下放长护筒现场见图 6.3-25、图 6.3-26。

**8. 多功能钻机与长护筒分离并移位**

（1）长护筒下放至预定埋深后，反方向旋转动力头，上提接驳器使钻机与护筒脱离。

图 6.3-22 接驳器凹槽

图 6.3-23 待连接长护筒

图 6.3-24 钻机与护筒连接完成准备下放

图 6.3-25 长护筒回转钻进

（2）接驳器与护筒未完全分离时缓慢上提，确定二者分离后再正常提升，防止因上提过程中接驳器晃动护筒造成偏斜。

（3）将多功能钻机移至下一待安放护筒孔位处，护筒下放完成见图 6.3-27。

### 9. 旋挖钻机就位、钻进成孔

（1）护筒安放完成后，移开多功能钻机，将旋挖钻机移至孔口。

（2）利用旋挖钻机在护筒内旋挖成孔至设计深度，旋挖钻机钻进见图 6.3-28。

### 10. 孔口灌注成桩

（1）终孔后，安放钢筋笼、灌注导管，见图 6.3-29、图 6.3-30。

图 6.3-26　护筒下放到位　　　　　图 6.3-27　钻机与护筒分离

图 6.3-28　旋挖钻机钻进成孔　　　图 6.3-29　安放钢筋笼　　　图 6.3-30　安装导管

（2）灌注混凝土前，采用气举反循环进行二次清孔；孔底沉渣满足要求后，灌注混凝土成桩。二次清孔见图 6.3-31，桩身混凝土初灌见图 6.3-32。

图 6.3-31　二次清孔　　　　　　　图 6.3-32　灌注桩身混凝土

**11. 多功能钻机就位、起拔护筒**

（1）待灌注桩施作完成后起拔护筒，钻机与护筒连接方法不变，旋转方向与下放护筒时相同，控制钻机动力头提升，将护筒缓慢拔出。

（2）起拔护筒过程控制速度，观测护筒垂直度，防止护筒偏斜而影响灌注桩质量。现场起拔护筒见图 6.3-33。

### 6.3.7　材料与设备

**1. 材料**

本工艺所使用的材料主要包括钢板（加工接驳器、连接构件）、钢筋等。

图 6.3-33　钻机回转起拔护筒

**2. 设备**

本工艺所涉及的主要机械设备配置见表 6.3-2。

<table>
<tr><td colspan="3" align="center">主要机械设备配置表　　　　　　　　　　　　表 6.3-2</td></tr>
<tr><td>设备名称</td><td>型号</td><td>功用</td></tr>
<tr><td>多功能钻机</td><td>SHX 型</td><td>回转液压下放长护筒</td></tr>
<tr><td>接驳器</td><td>自制</td><td>连接钻机与护筒</td></tr>
<tr><td>长护筒</td><td>最大外径 3000mm，最大长度 17m</td><td>护壁</td></tr>
<tr><td>旋挖钻机</td><td>三一 SR425</td><td>引孔、钻进</td></tr>
<tr><td>旋挖钻头</td><td>3000mm/2800mm</td><td>引孔、钻进</td></tr>
<tr><td>全站仪</td><td>WILD-TC16W</td><td>护筒标高测量</td></tr>
</table>

### 6.3.8　质量控制

**1. 接驳器及构件加工**

（1）长护筒外周长偏差不大于 2mm，管端椭圆度不大于 5mm，管端平整度误差不超过 2mm，平面倾斜不大于 2mm。

（2）护筒顶端凸出卡扣边长偏差不超过 2mm，厚度偏差不超过 2mm。

（3）接驳器内周长偏差不大于 2mm，凹槽边长偏差不超过 2mm，厚度偏差不超过 2mm。

（4）护筒与接驳器焊缝要求为二级焊缝，加工焊接质量满足设计要求。

### 2. 长护筒制作与安放

（1）桩和长护筒中心点由测量工程师现场测量放线，报监理工程师审批。

（2）钻机就位时，认真校核钻斗底部尖与桩点对位情况，如发现偏差超标，及时调整。钻进过程中，通过钻机操作室自带垂直控制对中设备进行桩位和垂直度控制。

（3）多功能钻机下放长护筒后，用十字线校核护筒位置偏差，允许偏差值不超过 50mm。

（4）在下放长护筒过程中，现场通过两个垂直方向铅锤观察护筒垂直度。

### 6.3.9 安全措施

#### 1. 护筒吊装

（1）长护筒吊装前，起重司机及起重指挥人员做好作业前准备，掌握长护筒的吊点位置和捆绑方法。

（2）确定吊装设备作业的具体位置，确保作业现场地面平整程度及耐压程度，满足起重作业要求。

#### 2. 护筒安放

（1）对多功能钻机施工场地进行平整压实，必要时进行硬化处理，以防止作业时钻机倾倒。

（2）护筒安放过程中，桩位附近严禁非操作人员靠近。

## 6.4 逆作法灌注桩深空孔多根声测管笼架吊装定位技术

### 6.4.1 引言

大直径灌注桩通常采用超声波法检测桩身完整性，声测管是灌注桩进行超声检测时探头进入桩身内部的通道，通过与钢筋笼的绑扎连接预埋在桩身混凝土内，施工时须严格控制声测管的埋设，以确保后续灌注桩桩身质量检测顺利进行。

随着城市建设的迅速发展，基坑工程规模朝大面积和大深度方向发展，工期进度及资源节约等要求日益严苛，为加快工程进度，深大基坑常采用逆作法施工。逆作法施工要求在基坑开挖前，首先在地面施工基坑支护结构，并进行灌注桩施工、安装与桩对接的钢结构柱，然后施工首层楼板，通过首层楼板将支护、灌注桩与柱连为一体，作为施工期间承受上部结构自重和施工荷载的支承结构。在逆作法施工中，灌注桩在楼板开挖施工前应先在地面进行检测。

2019 年 5 月，深圳市城市轨道交通 13 号线 13101-1 标深圳湾口岸站主体围护结构工程开工，项目设计采用逆作法施工，基坑开挖深度 21m，灌注桩形式为基坑底以下为钢筋混凝土灌注桩、基坑地下室开挖范围为钢管结构柱；按照设计要求，桩施工完成后进行检测，检测合格后方可开挖基坑。因此，需在地面对桩进行超声波检测，设计安装声测管 4 根。由于桩空孔段长约 21m，即声测管从灌注桩钢筋笼接长安装至地面，对空桩段的声测管安装定位提出更高的技术要求。

通常对于灌注桩深空孔段的声测管安装，往往通过减少桩身钢筋笼主筋数量，以简易副笼的方式进行钢筋笼空桩段接长，将接长声测管绑扎在副笼主筋上，吊放副笼至对接位置完成声测管定位至指定标高位置处，具体见图 6.4-1。由于本项目灌注桩数量大，该方法在实际施工应用中需耗费较多钢筋，副笼制作也需要额外花费更多的人工和时间，浪费较大。

针对上述问题，经反复试验、完善，项目组研究发明了一种用于深长空孔段安装定位声测管的"田"字形笼架，采用吊车起吊笼架，笼架再同时吊起 4 根按空孔段长度计算的一根主筋和绑扎在主筋上的声测管，吊至孔口位置与桩身钢筋笼上相应的主筋、声测管连接，即可快速实现声测管通长布置埋设，并有效保证了钢筋笼下放安装的垂直度要求，减少钢筋使用量，降低施工成本，提高声测管接长安装效率，取得了显著效果。

### 6.4.2　技术路线

#### 1. 项目概况

以深圳市城市轨道交通 13 号线深圳湾口岸站项目桩基础空孔段声测管安装为例说明。本项目桩基础设计为底部灌注桩插钢管结构柱形式，共 89 根，灌注桩桩径 φ1800mm，钢管立柱直径 φ800mm；底部灌注桩混凝土强度等级 C35，桩顶标高距地面约 21m；灌注桩设计桩身埋设声测管 4 根，沿钢筋笼内圆周呈对称布置，空桩段声测管接长示意见图 6.4-2。

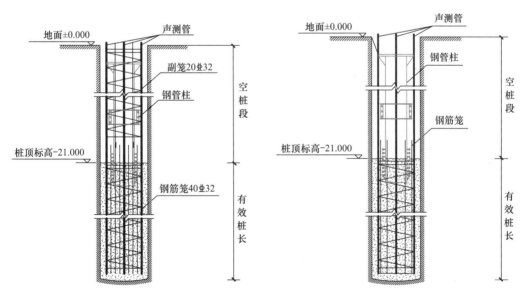

图 6.4-1　减少主筋制作副笼进行　　　　　图 6.4-2　空桩段声测管接
空桩段声测管接长示意图　　　　　　　　　长示意图

#### 2. 技术路线

（1）深圳城轨 13 号线深圳湾口岸站项目声测管埋设数量设计为 4 根，由此，设想一种可实现一次性吊装 4 根声测管的方形提升架，代替通过简易钢筋副笼接长安装空桩段声测管的常规形式，以更便捷的方式提高声测管接长安装效率。

（2）该方形提升架除了可以一次性吊装 4 根声测管外，还可以通过接长声测管提动整体钢筋笼，使钢筋笼在完成声测管接长安装后能够移动定位至指定标高位置，则提升架需具备一定的刚度及承重能力。由此，设计该笼架由厚钢板制成，在方形框架内增加内部支撑钢板，形成稳固的"田"字形提升安装笼架结构。

（3）传统方法是采用"副笼＋声测管"的结构进行声测管接长安装，由于设计采用"田"字形提升安装钢笼架代替副笼，为了确保声测管固定，设想采用"1 根主筋＋1 根声测管"一对一的绑扎组合结构进行吊装安放，最大限度地减少材料浪费。

根据以上技术路线分析，提出采用一种"田"字形结构的提升安装钢笼架，通过钢丝绳吊装系统，实现笼架与吊车、笼架与"主筋＋声测管"绑扎组合与孔口桩身钢筋笼和声测管的有效连接。由此，设计的 4 根接长声测管同步吊装定位笼架系统见图 6.4-3。

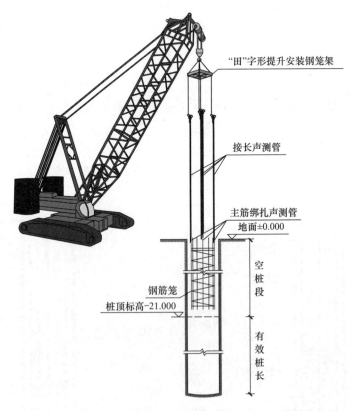

图 6.4-3 "田"字形钢笼架一次性吊装定位接长声测管示意图

### 6.4.3 笼架吊装系统结构

根据技术路线，本工艺笼架吊装系统包括"田"字形整体提升安装笼架和接长声测管两部分。

1. "田"字形整体提升安装笼架

由"田"字钢笼架、钢丝绳吊装系统（钢笼架钢丝绳、接长声测管钢丝绳）组成，具体见图 6.4-4。

（1）"田"字钢笼架

"田"字钢笼架由 3cm 厚 Q235 钢板制成。

钢笼架边长根据勾股定理可通过桩径确定，即桩径的平方为 2 倍笼架边长的平方（见图 6.4-5，$a^2 + a^2 = D^2$）。在深圳湾口岸站项目，设计桩径 $\phi1800$mm，计算出笼架边长 $a$ 取 1300mm。"田"字钢笼架平面形状见图 6.4-6。

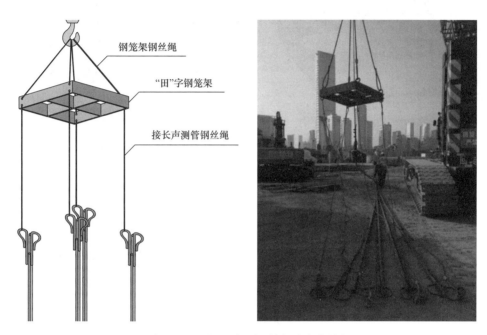

图 6.4-4　"田"字形整体提升安装笼架

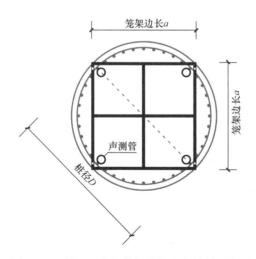

图 6.4-5　"田"字整体钢笼架边长计算示意图

（2）钢丝绳吊装系统

在钢笼架的一组对边上钻 4 个上层、4 个下层的钢丝绳吊眼，孔径 $\phi30$mm，钢丝绳吊眼位置见图 6.4-7、图 6.4-8；笼架上层吊眼安挂笼架钢丝绳，下层吊眼安挂接长声测管钢丝绳，钢丝绳吊装系统现场吊装见图 6.4-9、图 6.4-10。钢笼架上、下层的吊眼各穿入 1 根钢丝绳，上层钢丝绳直径不小于 $\phi28mm$，下层钢丝绳直径不小于 $\phi24mm$，卸扣型号根据钢筋笼重量进行适配，具体见图 6.4-11。

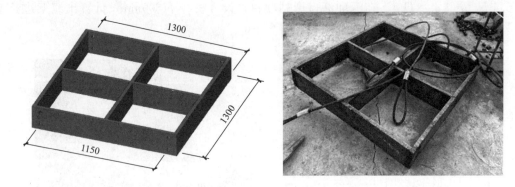

图 6.4-6 "田"字钢笼架平面示意图

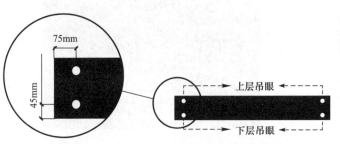

图 6.4-7 钢丝绳吊眼开孔位置布设示意图

图 6.4-8 钢丝绳吊眼开孔位置实物图

图 6.4-9 上层吊眼安挂笼架钢丝绳

图 6.4-10 下层吊眼安挂接长声测管钢丝绳

**2. 接长声测管结构**

（1）接长主筋

　　准备 4 根与钢筋笼主筋直径相同的钢筋，长度取"地面标高－桩顶标高＋搭接长度"。每根接长主筋的起吊端焊接固定 2 个吊耳，一个吊耳用于起吊，另一个吊耳用于在护筒口固定，吊耳设置具体见图 6.4-12。

图 6.4-11　钢笼架上、下层钢丝绳及卸扣　　　图 6.4-12　接长主筋起吊端焊接固定吊耳

　　（2）接长声测管

　　准备 4 根接长声测管，长度取"地面标高－桩顶标高"。接长声测管按计算长度配置，由若干短节管焊接成整根设置，声测管焊接采用套焊方式，套筒长度不小于 5cm，具体见图 6.4-13。

图 6.4-13　接长声测管套焊连接

　　（3）"接长主筋＋接长声测管"绑扎组合

　　4 根接长主筋分别与 4 根接长声测管一一对应形成绑扎组合，声测管全长用钢丝间隔绑扎固定于接长主筋上。钢丝绑扎不宜太紧，以免后续声测管对接时不便进行方向调整，"接长主筋＋接长声测管"绑扎组合结构具体见图 6.4-14。

（4）临时固定弯钩

为了将声测管更好地固定在主筋上，在接长主筋底部焊接一个临时固定弯钩，将接长声测管底端插入该弯钩，则起吊时接长声测管可以"稳坐"于弯钩上。临时固定弯钩设置具体见图 6.4-15，设置临时固定弯钩实物见图 6.4-16。

图 6.4-14 接长声测管通过钢丝与接长主筋绑扎

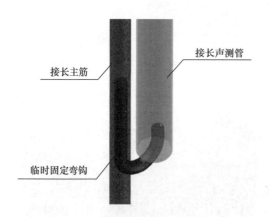

图 6.4-15 设置临时固定弯钩示意图

图 6.4-16 设置临时固定弯钩实物

### 6.4.4 工艺特点

**1. 笼架设计及制作简单**

"田"字形提升安装笼架所用钢板、焊条等材料容易获取，整体笼架设计、制作简单，连接卸扣及钢丝绳即可通过吊车直接使用，操作便捷。

**2. 提高施工效率**

本工艺相比借助副笼进行接长声测管定位安装的传统方法，制作"田"字形提升安装笼架较制作与空桩段长度相同的副笼，减少了人力投入、材料耗费及施工时间，有效缩短工期，提高灌注桩工效。

**3. 降低施工成本**

采用"田"字形提升安装笼架，一次性起吊 4 根接长声测管完成定位安装，相比传统借助副笼的方法，制作钢笼架耗材大大减少，节省施工成本。

## 6.4.5　适用范围

适用于空桩部分距地面 15m 及以上、桩径大于 $\phi1600mm$ 的灌注桩声测管接长安装定位和 4 根声测管同步接长安装定位。

## 6.4.6　深空孔多根声测管钢笼架吊装定位原理

### 1. 钢笼架一次性提升吊装原理

采用"田"字形提升安装钢笼架，设置 4 根起吊钢丝绳，一次性完成 4 根接长声测管的起吊安装。起吊过程中，采用钢丝将接长声测管和接长主筋临时绑扎，并在接长主筋底部采用临时弯钩将接长声测管固定。

"田"字形钢笼架一次性提升吊装"接长主筋＋接长声测管"绑扎组合原理见图 6.4-17。

### 2. 声测管孔口对接安装原理

由于接长声测管底部设置弯钩固定于接长主筋底部，同时全长间隔绑扎钢丝与接长主筋临时连接，声测管相对主筋处于固定位置无法调节；为此，利用定滑轮原理，引入上、下 2 个存在一定高差的转换弯钩，接长主筋上的弯钩标高相对在上、弯钩方向朝上，接长声测管上的弯钩相对标高在下、弯钩方向朝下，并将一条折叠绳带穿挂于声测管弯钩上，利用接长主筋上的弯钩向下拉绳，对声测管施加一个上提力，然后将临时固定弯钩割除，再通过松拉绳带将松散绑扎于接长主筋上的接长声测管导引至钢筋笼上的声测管处进行对接。

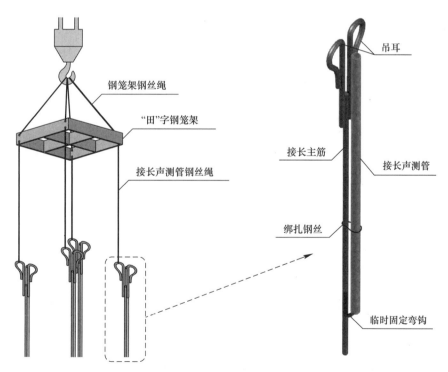

图 6.4-17　钢笼架一次性提升吊装"接长主筋＋接长声测管"绑扎组合示意图

声测管孔口对接绳带定滑轮安装定位原理见图 6.4-18。

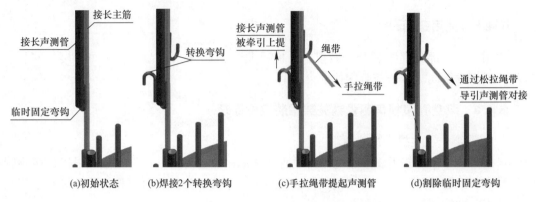

(a)初始状态　　　(b)焊接2个转换弯钩　　(c)手拉绳带提起声测管　　(d)割除临时固定弯钩

图 6.4-18　声测管孔口对接安装示意图

### 3. 声测管套筒连接工艺

为了便捷高效地完成声测管接长，采用声测管套筒连接工艺，即接长声测管导引插入钢筋笼声测管的连接套筒孔内。完成对接后，采用二氧化碳气体保护焊进行焊接相连，最后以吊车通过接长主筋实现钢筋笼和声测管一次性吊装至孔底。声测管套筒连接见图 6.4-19、图 6.4-20。

图 6.4-19　钢筋笼声测管顶端连接套筒

图 6.4-20　声测管焊接对拉

### 6.4.7　施工工艺流程

逆作法灌注桩深空孔多根声测管笼架吊装定位施工工艺流程见图 6.4-21。

### 6.4.8　工序操作要点

#### 1. 旋挖钻进至设计桩底标高

（1）土层段采用旋挖钻斗钻进，岩层段更换为截齿筒钻，钻进成孔至设计入岩深度。

（2）钻进成孔过程中，采用优质泥浆护壁，始终保持孔壁稳定。

（3）终孔后，采用旋挖捞渣钻斗进行桩底清孔操作，如钻渣较多，则多次重复捞渣清孔。

**2. 桩身钢筋笼制作与安装（声测管埋设）**

（1）根据桩长加工制作钢筋笼，并按照设计要求进行声测管安装。

（2）安装声测管前，确认声测管承插口端密封圈完好无损，插入端内外无毛刺，以免安装插管时割伤密封圈，影响管体密闭性。

（3）声测管绑扎固定于钢筋笼主筋内侧，固定点的间距不超过 2m，其中，声测管底端和接头部位设置固定点；声测管底部密封防止漏浆，完成全长绑扎后封闭上口，以免落入杂物致使孔道堵塞。具体见图 6.4-22。

（4）钢筋笼采用专用吊钩多点起吊安放，并采取临时保护措施，使钢筋笼吊运过程中整体保持稳固状态，具体见图 6.4-23；孔口吊装时对准孔位，吊直扶稳，缓慢下入桩孔，具体见图 6.4-24。

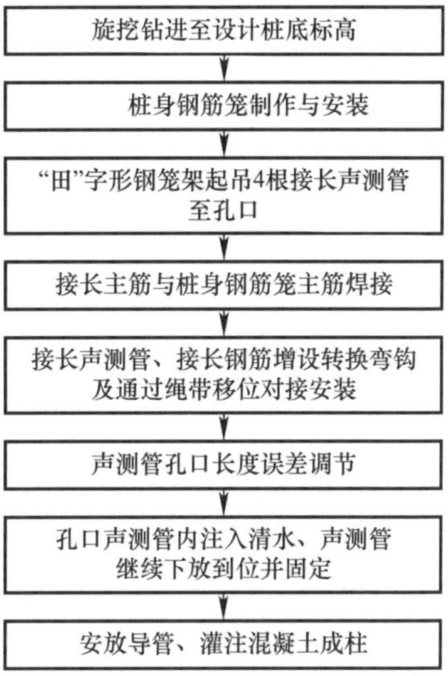

旋挖钻进至设计桩底标高

桩身钢筋笼制作与安装

"田"字形钢筋笼架起吊4根接长声测管至孔口

接长主筋与桩身钢筋笼主筋焊接

接长声测管、接长钢筋增设转换弯钩及通过绳带移位对接安装

声测管孔口长度误差调节

孔口声测管内注入清水、声测管继续下放到位并固定

安放导管、灌注混凝土成柱

图 6.4-21　基坑逆作法灌注桩深空孔多根声测管笼架吊装定位施工工艺流程图

图 6.4-22　声测管底部密封处理

图 6.4-23　钢筋笼多点起吊

（5）钢筋笼吊装过程中，当笼顶接近孔口时，在最上层箍筋间隔处穿杠使笼体托卡于护筒上，此时笼顶钢筋外露，便于后续空孔段声测管接长安装，具体见图 6.4-25。

**3. "田"字形钢筋笼架起吊 4 根接长声测管至孔口**

（1）4 个"接长主筋＋接长声测管"绑扎组合制作，分别由 1 根主筋（其上焊有 2 个吊耳、1 个临时固定弯钩）、1 根声测管组成。

（2）使用吊带将 4 个"接长主筋＋接长声测管"绑扎组合从中部绑紧与吊车副钩相连，防止后续吊运过程中绑扎组合松散甩开，具体见图 6.4-26。

（3）采用吊车连接"田"字形钢筋笼架同时吊运 4 个"接长主筋＋接长声测管"绑扎组合至桩孔位置上方，具体见图 6.4-27。

**4. 接长主筋与桩身钢筋笼主筋焊接**

（1）"接长主筋＋接长声测管"绑扎组合吊运至孔口位置后，解除中部绑扎吊带，使 4 个绑扎组合散开与钢筋笼上安装声测管的主筋位置一一对应定位。

图 6.4-24  钢筋笼吊放入桩孔              图 6.4-25  穿杠将桩身钢筋笼固定于护筒口

（2）将接长主筋与桩身钢筋笼上绑扎有声测管的 4 根主筋焊接相连，具体见图 6.4-28；通过绑扎组合将钢筋笼整体向孔内吊放，使钢筋笼上绑扎的声测管顶端位于稍低于护筒顶沿的位置处，具体见图 6.4-29。

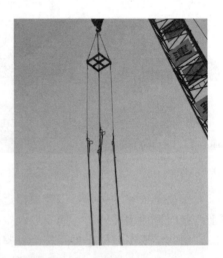

图 6.4-26  绑扎组合中部绑吊带连接吊车副钩       图 6.4-27  钢笼架吊运绑扎组合

**5. 接长声测管、接长主筋增设转换弯钩及通过绳带移位对接安装**

（1）在接长主筋和接长声测管上分别焊接 1 个转换弯钩，接长主筋上的弯钩标高相对在上、弯钩方向朝上，接长声测管上的弯钩相对标高在下、弯钩方向朝下，转换弯钩见图 6.4-30，焊接 2 个转换弯钩见图 6.4-31、图 6.4-32。

（2）准备一条长约 1.5m 的绳带，绳带一端绑扎形成一个可用于钩挂的绳圈，将绳带缠绕经过 2 个转换弯钩，形成接长声测管牵引提拉装置，并将接长声测管提起拉紧，具体见图 6.4-33。

图 6.4-28　接长主筋与钢筋笼主筋对拉

图 6.4-29　通过绑扎组合吊笼至护筒内

图 6.4-30　转换弯钩

图 6.4-31　焊接第 1 个转换弯钩

图 6.4-32　焊接第 2 个转换弯钩

（3）采用乙炔烧焊割除连接接长声测管与接长主筋的临时固定弯钩，使接长声测管可相对于接长主筋自由移动，具体见图 6.4-34；再通过松拉绳带，将接长声测管导引至钢筋笼声测管套筒端口处进行对接，完成声测管整体接长定位安装，然后采用二氧化碳气体保护焊进行焊接相连，对接现场操作见图6.4-35。

图6.4-33　将绳带套入　　　　图6.4-34　割除临时　　　　图6.4-35　松拉绳带导引
　　　　转换弯钩　　　　　　　　　　固定弯钩　　　　　　　　　对接声测管

### 6. 声测管孔口长度误差调节

（1）完成声测管整体接长安装后，为增强接长声测管与接长主筋的牢固连接，加焊固定弯钩并增加钢丝绑扎，确保声测管自笼底至地面竖直固定，后续连同钢筋笼整体吊装更稳固，具体固定形式见图6.4-36、图6.4-37。

图6.4-36　加焊弯钩固定接长声测管　　　　　图6.4-37　接长声测管和接长主筋绑扎

（2）通过吊车将钢筋笼及绑扎组合整体吊放至孔底，如出现由于计算错误或搭接长度误差等导致接长后声测管未安装至指定标高位置的情况，则通过加装较短的调节声测管进行长度补足，调节声测管短管见图6.4-38，增加调节声测管短管接长见图6.4-39。

### 7. 孔口声测管内注入清水、声测管继续下放到位并固定

（1）在孔口处往声测管内注入清水，检查声测管畅通情况，现场操作见图6.4-40。

（2）声测管内灌满水后，采用吊车通过接长声测管连接整体桩身钢筋笼吊放至孔口位置处，通过接长主筋的闲置吊耳穿杠挂于护筒上，使钢筋笼定位于设计标高位置，具体见

图 6.4-41。

### 8. 安放导管、灌注混凝土成桩

（1）现场根据孔深确定配管长度，缓慢下
放混凝土灌注导管，注意导管下放时的垂直度
控制，避免因导管歪斜或大幅度晃动导致触碰
破坏声测管。

（2）浇灌混凝土前，测量孔底沉渣，进行
二次清孔，清孔时注意对声测管的保护。

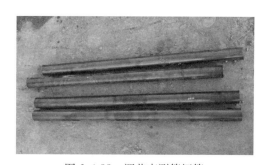

图 6.4-38　调节声测管短管

（3）混凝土灌注采用水下导管回顶灌注
法，灌注方式根据现场条件，可采用混凝土罐车出料口直接下料，或采用灌注斗吊灌注；
拆卸导管时注意缓慢操作，注意对声测管进行有效保护。

图 6.4-39　加设调节声测管短管

图 6.4-40　声测管内注水

图 6.4-41　吊耳穿杠挂于护筒上

（4）完成灌注桩身混凝土后，起拔护筒，全程缓慢操作并保证起拔垂直度，避免护筒

起拔时碰撞，导致声测管断裂。

### 6.4.9 材料与设备

#### 1. 材料

本工艺所用材料、配件主要为钢筋、钢板、声测管、二氧化碳气体保护焊丝、钢丝等。

#### 2. 设备

本工艺现场施工主要机械设备见表 6.4-1。

主要机械设备配置表　　　　　　　　　　　　　　表 6.4-1

| 名称 | 型号 | 参数信息 | 备注 |
|------|------|----------|------|
| 二氧化碳气体保护焊机 | NBC-350A | 额定电流 35A、电压 31.5V | 制作提升安装笼架、接长主筋等 |
| 钢筋切断机 | GQ40 | 电机功率 2.2/3kW | 制作接长主筋、钢筋笼等 |
| 型钢切割机 | J3G-400A | 功率 2.2kW | 制作"田"字形提升安装笼架 |
| 剥肋滚压直螺纹机 | GHG40 | 主电机功率 4kW | 制作钢筋笼 |
| 履带式起重机 | SCC550E | 最大额定起重量 55t | 定位吊装接长声测管、钢筋笼等 |

### 6.4.10 质量控制

#### 1. "田"字形提升安装笼架制作

（1）严格根据桩径计算得到的尺寸制作"田"字形提升安装笼架，4 个吊眼开孔位置保证对称分布，避免由于吊孔位置偏差导致起吊时笼架不平衡出现歪斜，影响声测管接长定位安装及钢筋笼整体起吊。

（2）二氧化碳气体保护焊焊接，焊丝外表光洁，无锈迹、油污和磨损，并对钢板焊缝两侧 100mm 以内的油、污、水、锈等进行清除处理。

（3）施焊过程中灵活掌握焊接速度，防止未焊透及出现气孔、咬边等焊接缺陷。

（4）熄弧时禁止突然切断电源，在弧坑处稍做停留待填满弧坑后收弧，以防产生焊接裂纹和气孔。

（5）完成焊接操作后关闭设备电源，用钢丝刷清理焊缝表面，目测观察焊缝表面是否有气孔、裂纹、咬边等缺陷。

#### 2. "接长主筋+接长声测管"绑扎组合制作

（1）接长声测管套筒连接处光顺过渡，并保证焊缝密实牢固，如发现焊缝缺陷情况，则及时补焊。

（2）"接长主筋+接长声测管"组合钢丝通长绑扎不宜太紧，以免后续声测管对接时不便于进行方向调整。

（3）接长主筋底部的临时固定弯钩须保证焊接质量，并将接长声测管底端牢牢插入弯钩，确保起吊时声测管能够"稳坐"于弯钩上不致脱落。

#### 3. 起吊定位安装接长声测管

（1）"田"字形提升安装笼架 4 个吊眼中插入的卸扣紧紧锁死，保证起吊稳固，防止因卸扣松开导致提升连接被切断，造成整体吊运失效。

（2）声测管底部密封防止漏浆，完成管体全长绑扎并接长至地面后加盖封闭上口，以免落入杂物致使孔道堵塞，影响超声波检测。

（3）接长声测管与钢筋笼主筋上声测管对接安装并完成焊接后，在接长主筋与接长声测管上增加钢丝绑扎及弯钩焊接固定，确保声测管自笼底至地面竖直固定，后续连同钢筋笼整体吊装更稳固。

### 6.4.11　安全措施

**1.　"田"字形提升安装笼架制作**

（1）制作"田"字形提升安装笼架的焊接作业人员按要求佩戴专门的防护用具（如焊帽、防护罩、护目镜、防护手套等绝缘用具），并按照相关规程进行操作。

（2）施焊工作场地采取防风措施。

**2.　"接长主筋＋接长声测管"绑扎组合制作**

（1）采用二氧化碳气体保护焊点焊时，不得观看焊嘴孔，不得将焊枪前端靠近脸部、眼睛和身体，不得将手指、头发、衣服等靠近送丝轮等回转部位。

（2）随时注意二氧化碳气瓶中的二氧化碳气体存量，剩余压力不得小于 1MPa。

（3）在可能引起火灾的场所附近焊接时，配备必要的消防器材。

（4）焊接人员离开焊接操作场所时仔细检查现场，确保无火种留下。

（5）接长主筋顶端的两个吊耳焊接密实牢固，保证焊缝质量，以防起吊过程中"接长主筋＋接长声测管"绑扎组合脱落砸下导致伤人事故。

**3.　起吊定位安装接长声测管**

（1）现场施工作业面需进行平整压实，并设专人现场统一指挥，无关人员撤离作业区域，防止起吊"接长主筋＋接长声测管"绑扎组合至孔口位置时移机发生下陷倾覆伤人事故。

（2）吊车驾驶员和指挥人员严格遵守安全操作技术规程，工作时听从回索工指挥。

（3）对已完成空桩段声测管接长定位安装的桩孔采取孔口覆盖防护措施，并设置安全标识。

# 附：《基坑逆作法钢管结构柱定位施工新技术》自有知识产权情况统计表

| 章名 | 节名 | 完成单位 | 类别 | 名称 | 编号 | 备注 |
|---|---|---|---|---|---|---|
| 第1章 钢管柱与工具柱对接新技术 | 1.1 基坑逆作法钢管结构柱自锁螺杆升降对接平台对接技术 | 深圳市工勘岩土集团有限公司 | 发明专利 | 一种基坑逆作法钢管结构柱对接平台及对接方法 | 2020103745628 | 实审 |
| | | | 实用新型专利 | 一种基坑逆作法钢管结构柱对接平台 | ZL2020 2 0726491.9 证书号第12623464号 | 国家知识产权局 |
| | | | 工法 | 深圳市市级工法 | SZSJGF042-2020 | 深圳建筑业协会 |
| | | | 科技成果鉴定 | 国内先进水平 | 粤建协鉴字〔2020〕756号 | 广东省建筑业协会 |
| | | | 获奖 | 广东省土木建筑学会科学技术奖三等奖 | 2021-3-X180-D01 | 广东省土木建筑学会 |
| | 1.2 基坑逆作法钢管柱与工具柱同心同轴对接技术 | 深圳市工勘岩土集团有限公司、深圳市金刚钻机械工程有限公司 | 发明专利 | 基坑逆作法钢管柱与工具柱同心同轴对接施工方法 | 2021102698357 | 实审 |
| | | | 发明专利 | 钢管柱与工具柱同心同轴对接平台结构 | 2021102721156 | 实审 |
| | | | 实用新型专利 | 钢管柱与工具柱同心同轴对接平台结构 | ZL 2021 2 0528930.X 证书号第15268837号 | 国家知识产权局 |
| | | | 工法 | 深圳市市级工法 | SZSJGF045-2021 | 深圳建筑业协会 |
| | | | 科技成果鉴定 | 国内领先水平 | 粤建学鉴字〔2022〕第114号 | 广东省土木建筑学会 |
| 第2章 基坑逆作法结构柱框架平台定位新技术 | 2.1 基坑逆作法钢柱一点三线钢构柱定位施工技术 | 深圳市工勘岩土集团有限公司 | 发明专利 | 一种基坑逆作法钢构柱的定位平台及定位方法 | 2020102023111 | 实审 |
| | | | 实用新型专利 | 一种基坑逆作法钢构柱的定位平台 | ZL 2020 2 0368223.4 证书号第1236014 8号 | 国家知识产权局 |
| | | | 工法 | 深圳市市级工法 | SZSJGF144-2020 | 深圳建筑业协会 |
| | | | 科技成果鉴定 | 省内领先水平 | 粤建协鉴字〔2020〕748号 | 广东省建筑业协会 |
| | | | 论文 | 基坑逆作法一点三线平台定位施工技术 | 《施工技术》2020年12月增刊（中册） | 亚太建设科技信息研究院、中国工程建筑设计研究院、中国建筑工程总公司、中国土木工程学会主办 |

| 章名 | 节名 | 完成单位 | 类别 | 名称 | 编号 | 备注 |
|---|---|---|---|---|---|---|
| 第2章 基坑逆作法结构框架柱定位新技术 | 2.2 基坑逆作法钢管柱结构双平台定位施工技术 | 深圳市工勘岩土集团有限公司 | 发明专利 | 深基坑地下结构逆作法钢管柱定位装置及施工方法 | 20191086401 8.9 | 实审 |
| | | | 实用新型专利 | 深基坑地下结构逆作法钢管柱定位装置 | ZL 2019 2 1537047.6 证书号第10815795号 | 国家知识产权局 |
| | | | 工法 | 深圳市市级工法 | SZSJGF145-2020 | 深圳建筑业协会 |
| | | | 论文 | 基坑逆作法钢管结构柱双平台定位施工技术研究 | 《房地产世界》2021年第2期1月(中) | 江西人民出版社有限责任公司主办 |
| 第3章 逆作法柱结构柱后插定位施工新技术 | 3.1 逆作法钢管柱液压垂直插入施工技术（HPE工法） | 浙江鼎业基础工程有限公司 | 发明专利 | 液压插入机以及应用该插入机的基础插桩与钢管的连接方法 | ZL 2007 1 0109475.4 | 国家知识产权局 |
| | | | 实用新型专利 | 液压重垂插入机 | ZL 2013 2 0858350.2 | 国家知识产权局 |
| | | | 实用新型专利 | 钢管柱插入施工的垂直校正装置 | ZL 2014 2 0567560.0 | 国家知识产权局 |
| | | | 工法 | 2009年度省级工法 | 2010年8月27日发证 | 浙江省建设管理局 |
| | | | 发明专利 | 逆作法大直径钢管结构柱全套管全回转施工方法 | 20211076562 8.0 | 实审 |
| | | | 发明专利 | 逆作法大直径钢管结构柱全套管全回转施工装置 | 20211076562 6.1 | 实审 |
| | 3.2 逆作法钢管柱大直径柱"三线一角"综合定位施工技术 | 深圳市工勘岩土集团有限公司、深圳市金刚钻机械工程有限公司 | 实用新型专利 | 钢管柱安插垂直度监测结构 | ZL 2021 2 1532813.7 证书号第15284221号 | 国家知识产权局 |
| | | | 实用新型专利 | 全回转钻机中心线定位安装结构 | ZL 2021 2 1533437.3 证书号第16089910号 | 国家知识产权局 |
| | | | 实用新型专利 | 安插后的结构柱的水平线检测结构 | ZL 2021 2 1533420.8 证书号第15280208号 | 国家知识产权局 |
| | | | 实用新型专利 | 安插后的结构柱的方位判断调节结构 | ZL 2021 2 1533039.1 证书号第16093478号 | 国家知识产权局 |
| | | | 科技成果鉴定 | 国内先进水平 | 粤建协鉴字〔2021〕428号 | 广东省建筑业协会 |
| | | | 工法 | 深圳市市级工法 | SZSJGF068-2021 | 深圳建筑业协会 |
| | | | 获奖 | 广东省建筑业协会科学技术进步奖三等奖 | 2021-J3-106-1 | 广东省建筑业协会 |

| 章名 | 节名 | 完成单位 | 类别 | 名称 | 编号 | 备注 |
|---|---|---|---|---|---|---|
| 第3章 逆作法结构柱后插定位施工新技术 | 3.3 逆作法"旋挖+全回转钻机"钢管柱后插法定位施工技术 | 深圳市工勘岩土集团有限公司 | 发明专利 | 逆作法钢管结构桩旋挖钻进与全回转组合后插法定位方法 | 202110075559.0 | 申请受理中 |
| | | | 实用新型专利 | 钢管结构柱和超长钢管结构柱桩 | ZL 2021 2 0156586.6 证书号第 15276989 号 | 国家知识产权局 |
| | | | 工法 | 深圳市市级工法 | SZSJGF166-2020 | 深圳建筑业协会 |
| | 3.4 基坑钢管结构柱定位环板后插定位施工技术 | 深圳市工勘岩土集团有限公司 | 发明专利 | 逆作法钢立柱的安装定位方法及安装结构 | 202210286935.5 | 申请受理中 |
| | | | 实用新型专利 | 基础钢立柱的一体安装结构 | 202220635933.8 | 申请受理中 |
| 第4章 逆作法结构柱先插法施工新技术 | 4.1 旋挖扩底与先插钢管柱组合全回转定位施工技术 | 深圳市工勘岩土集团有限公司 | 发明专利 | 一种基坑逆作法旋挖扩底、全回转定位施工方法 | 202210419115.9 | 申请受理中 |
| | | | 发明专利 | 一种用于工具柱与钢管柱对接组装的自锁螺杆升降平台 | 202210420883.6 | 申请受理中 |
| | | | 实用新型专利 | 一种用于工具柱与钢管柱对接组装的自锁螺杆升降平台 | 202220924847.9 | 申请受理中 |
| | | | 实用新型专利 | 一种用于基坑逆作法施工的两段式旋挖扩底钻头 | 202220926167.0 | 申请受理中 |
| | | | 科技成果鉴定 | 国内领先水平 | 粤建学鉴字〔2022〕第 117 号 | 广东省土木建筑学会 |
| | 4.2 低净空基坑逆作法钢管柱先插定位施工技术 | 五广(上海)基础工程有限公司 | 工法 | 深圳市市级工法 | SZSJGF155-2021 | 深圳建筑业协会 |
| | | | 发明专利 | 一柱一桩施工中的立柱施工方法 | 202011629377.5 | 实审 |
| | | | 发明专利 | 一柱一桩施工中的立柱施工方法 | 202011623312.X | 实审 |
| 第5章 逆作法结构柱下扩底桩施工新技术 | 5.1 大直径全液压可视可控旋挖扩底桩施工技术(AM工法) | 浙江鼎业基础工程有限公司 | 发明专利 | 一种扩底桩及其施工方法 | ZL 2004 1 0037804.5 | 国家知识产权局 |
| | | | 发明专利 | 扩底铲斗及其扩底方法 | ZL 2013 1 0407929.1 | 国家知识产权局 |
| | | | 实用新型专利 | 一种扩底钻头 | ZL 2013 2 0558463.0 | 国家知识产权局 |

| 章名 | 节名 | 完成单位 | 类别 | 名称 | 编号 | 备注 |
|---|---|---|---|---|---|---|
| 第5章 逆作法结构柱下扩底桩施工新技术 | 5.1 大直径全液压可视可控旋挖扩底桩施工技术（AM工法） | 浙江鼎业基础工程有限公司 | 工法 | 2007年度省级工法 | 2008年10月21日发证 | 浙江省建设业管理局 |
| | | | 论文 | AM工法旋挖扩底灌注桩及其工程应用 | 桩基工程技术进展（2005） | 第七届全国桩基工程学术年会 |
| | | | 获奖 | 上海市科学技术奖二等奖 | 20094313-2-D07 | 上海市人民政府 |
| | | | 科技成果 | 2006年、2009年全国建设行业科技成果推广项目 | 2006042、2009080-3 | 建设部科技发展促进中心 |
| | 5.2 OMR工法用于逆作法桩底灌注桩施工技术 | 五广（上海）基础工程有限公司 | 论文 | 大直径旋挖扩底灌注桩（OMR工法）成套施工工法 | 《防灾减灾工程学报》第35卷增刊2015年11月 | 江苏省地震局、中国灾害防御协会主办 |
| | 5.3 逆作法中超深超大直径扩底灌注桩清孔施工技术 | 五广（上海）基础工程有限公司 | 论文 | 超深超大直径扩底灌注桩施工的清孔方法研究 | 《防灾减灾工程学报》第35卷增刊2015年11月 | 江苏省地震局、中国灾害防御协会主办 |
| 第6章 逆作法结构柱定位配套新技术 | 6.1 逆作法钢管柱后插法套管与千斤顶组合定位施工技术 | 深圳市工勘岩土集团有限公司，深圳市金刚钻机械工程有限公司 | 发明专利 | 逆作法钢管柱结构柱后插法定位施工方法 | 202111520816.3 | 申请受理中 |
| | | | 发明专利 | 逆作法钢管柱结构柱后插法定位施工结构 | 202111520810.6 | 申请受理中 |
| | | | 实用新型专利 | 千斤顶在钢管柱结构柱上的安装结构 | 202123135565.5 | 申请受理中 |
| | | | 工法 | 深圳市市级工法 | SZSJGF176-2021 | 深圳建筑业协会 |
| | | | 科技成果鉴定 | 国内领先水平 | 粤建学鉴字〔2022〕第118号 | 广东省土木建筑学会 |
| | 6.2 逆作法配式装配混凝土施工技术 | 深圳市工勘岩土集团有限公司 | 发明专利 | 基坑逆作法钢管柱结构柱灌注混凝土装配式平台施工方法 | 202110731770.3 | 实审 |
| | | | 实用新型专利 | 基坑逆作法钢管柱结构柱灌注混凝土装配式平台 | ZL 2021 2 1466915.3 证书号第15261905号 | 国家知识产权局 |
| | | | 实用新型专利 | 装配式平台与工具柱的连接结构 | ZL 2021 2 1463628.7 证书号第16085045号 | 国家知识产权局 |
| | 6.3 逆作法多功能回转钻机接驳安放定位护筒技术 | 深圳市工勘岩土集团有限公司，深圳市金刚钻机械工程有限公司 | 发明专利 | 一种应用于旋挖钻机的接驳式护筒 | 202111155012.8 | 申请受理中 |
| | | | 实用新型专利 | 一种应用于旋挖钻机的接驳式护筒 | 202122381736.6 | 申请受理中 |